高等学校"十四五"
生命科学规划新形态教材

生态学实验

袁建立 张仁懿 艾得协措 编著

中国教育出版传媒集团
高等教育出版社·北京

内容简介

本书紧扣近年来生态学研究热点,融合 NetLogo 和虚拟现实等信息化技术,集成一套既传承生态学经典方法又体现学科发展前沿的实验体系。全书共包括 33 个实验,涵盖个体、种群、群落以及生态系统生态学等多个层次,涉及森林、草原、农田、水生等不同生态系统类型。实验内容由四部分组成,分别是巩固理论知识的基础实验、提高科研水平的创新实验、促进学科交叉的模拟实验、加强技术创新的支撑实验。各部分内容既相互独立,又相互补充,其中仿真实验配套程序代码,使反映时间跨度长、空间差异大的生态过程和复杂的生态关系的实验内容能走进课堂教学。配套的数字课程提供书中仿真实验的程序代码电子文件,方便学生在实验过程中调用。

本书充分体现了生态学实验的专业性、前沿性,具有信息化程度高、可操作性强等特点,适用于各类高校生态学专业本科生、研究生的实验教学,也可为生态学领域的科技工作者提供方法性参考。

图书在版编目(CIP)数据

生态学实验 / 袁建立,张仁懿,艾得协措编著.
-- 北京:高等教育出版社,2023.7
ISBN 978-7-04-059116-3

Ⅰ.①生… Ⅱ.①袁… ②张… ③艾… Ⅲ.①生态学 -
实验 - 高等学校 - 教材 Ⅳ.① Q14-33

中国版本图书馆 CIP 数据核字 (2022) 第 141325 号

Shengtaixue Shiyan

策划编辑 王 莉　　责任编辑 赵君怡　　封面设计 裴一丹　　责任印制 耿 轩

出版发行	高等教育出版社	网　址	http://www.hep.edu.cn
社　址	北京市西城区德外大街4号		http://www.hep.com.cn
邮政编码	100120	网上订购	http://www.hepmall.com.cn
印　刷	河北信瑞彩印刷有限公司		http://www.hepmall.com
开　本	850mm×1168mm　1/16		http://www.hepmall.cn
印　张	11		
字　数	242 千字	版　次	2023 年 7 月第 1 版
购书热线	010-58581118	印　次	2023 年 7 月第 1 次印刷
咨询电话	400-810-0598	定　价	26.00 元

数字课程（基础版）

生态学实验

主编　袁建立　张仁懿　艾得协措

登录方法：

1. 电脑访问 http://abooks.hep.com.cn/59116，或手机微信扫描下方二维码以打开新形态教材小程序。
2. 注册并登录，进入"个人中心"。
3. 刮开封底数字课程账号涂层，手动输入 20 位密码或通过小程序扫描二维码，完成防伪码绑定。
4. 绑定成功后，即可开始本数字课程的学习。

绑定后一年为数字课程使用有效期。如有使用问题，请点击页面下方的"答疑"按钮。

新形态教材网 Abooks

关于我们｜联系我们　　登录/注册

生态学实验

袁建立　张仁懿　艾得协措

开始学习　　收藏

　　本数字课程与纸质教材一体化设计，紧密配合。数字课程内容包括实验彩色图片、程序代码、作业与思考题参考答案等，建议教师根据教学目标引导学生充分利用这些资源，进行拓展学习。

http://abooks.hep.com.cn/59116

扫描二维码，打开小程序

▶ 前　言

　　生态学是研究生物与环境关系的学科，主要通过野外观察和科学实验探究自然界生物与环境之间的发展规律，是一门极为贴近自然的实践学科。生态关系是复杂的、生态过程是漫长的，导致学生很难通过课堂或实验室了解真实的自然界。生态过程存在时间跨度长、空间变异大等特点在一定程度上制约了生态学实验的开展，限制了生态学的发展。现代科学技术的进步以及生态学科的迅速发展对学生提出了更高的要求，如何更好地开展生态学实践教学成为生态学教育工作者持续探索的热点问题。

　　本教材通过长期的教学实践，结合国内外生态学科的发展成果以及最新信息技术，并融合 NetLogo 和虚拟现实（VR）等方法，集成了一套既传承生态学经典方法又体现现代生态学发展前沿的实验内容，通过实际操作与虚拟仿真相结合的方式，部分解决了生态学实践教学中存在的时空问题，突出专业性和实操性，旨在为国内生态学专业的师生提供参考。

　　本书共包括 33 个实验，涵盖个体、种群、群落和生态系统生态学等多个层次，涉及森林、草原、农田、水生等不同生态系统类型。为了方便读者阅读和使用本书，将实验分为四个部分，分别体现了巩固基础知识、提高科研水平、促进学科交叉、掌握先进技术等教学目标，每一部分按照个体、种群、群落和生态系统的层次编排。各高校可以根据自身的培养计划、学时安排、教学设备、教学环境等自主选择合适的内容开展教学。

　　本书的第一部分为基础实验，如种子大小与生活力之间的关系、温度对动物代谢速率的影响、动物种群数量统计、替代实验、种－面积曲线绘制等。该部分实验旨在让学生巩固生态学的基础知识，同时熟悉掌握生态学经典的实验操作。第二部分为创新实验，主要是结合目前生态学前沿领域的发展以及最新的科学技术设计而成，包括叶绿素含量随环境因子的变化规律、树木枝干分叉规律、种群间相互作用、碳通量的闭路法测定等。这部分实验的目的是帮助学生了解相关的科学技术发展，掌握最新的生态学研究方法，紧跟生态学的发展前沿，提升科研能力。第三部分为模拟实验，基于 NetLogo 软件编写完成，主要包括种群增长模型、中性群落构建理论、物种多度分布以及多样性计算、动物从水生到陆生的进化等。这一部分主要是通过计算机模拟展示受时空限制的生态过程和生态关系，促进学科交叉，提高学生信息化水平。第四部分为技术支撑实验，主要结合当前的科学技术发展设计而成，如同化箱的设计与制作、环境因子测定装置、数字化地图制作、生态系统的全景影像的制作及虚拟现实展示等。本部分内容既为前三部分提供技术支撑，又可作为独立实验，提高学生自行设计实验仪器的能力，拓展生态学科研技能。

需要说明的是，本书第三部分模拟了第一部分的部分实验内容，如种群数量统计、种群增长、种间竞争、种 – 面积曲线绘制等。这样的设计既可以实现线上线下教学的融合，又可以让学生利用不同的方式加深对知识的认知。同时，模拟实验拓展了实操实验不能实现的时空条件，体现更自然的生态关系和生态过程。有条件的学校还可以增加大田验证（如蝗虫的数量统计等），利用三种形式从不同的角度相互补充与支撑，巩固对生态知识的了解。同时，书中的部分实验相互支撑，如实验 22 为实验 23、24、25 提供了中性模型，实验 27 是所有模拟实验的先导课程，实验 28 为实验 8、17 提供了同化箱，实验 30 为实验 17 提供了叶面积计算，而实验 33 借鉴了实验 7、24、25、27、32 的内容，请各高校在开展教学时注意这些关系。另外建议课程开始时安排持续时间长的实验（如涉及栽培 2~3 个月的实验），其他实验穿插进行。

在本书的撰写和出版过程中，很多专家和同行给予了大力的支持。兰州大学教务处设立教材建设项目，对本书的出版给予专项资助。国内著名生态学家、兰州大学王刚教授一直关注本教材的编写工作，提供了大量建设性的意见。兰州大学冯虎元教授、张世挺教授、史小明副教授、孟雪琴老师、任正炜老师在实验设计、教学实践和教材出版方面给予了帮助，兰州大学历届生态班的学生为本书内容的教学实践积累了宝贵的经验。高等教育出版社的编辑多次会商教材的编写内容、出版形式、版式设计与文字校对，付出了大量心血。在此一并表示感谢。

本书主要适用于国内各高校生态学专业本科生、研究生的实验教学，也可以为生态学领域的科技工作者提供方法性的参考。因为编者学术水平的限制、新技术的不断出现以及生态过程的复杂性，本书难免存在不足之处。随着科学技术的进步以及生态学科的发展，新的教学内容和教学模式将不断涌现，期望与国内同行共同努力，不断提高生态学专业实践教学的质量。

编　者

2022 年 5 月

目 录

第一部分 基础实验

第二部分 创新实验

第三部分　模拟实验

第四部分　技术支撑实验

第一部分 ◀

基础实验

实验 1
种子大小与生活力之间的关系

【实验目的】

1. 辨识校园植物及其种子形态。
2. 掌握种子生活力的测定方法。
3. 了解种子大小与生活力之间的关系。

【背景与原理】

种子萌发是植物生活史中的一个重要过程，决定着物种是否可以延续至下一代。种子的多少与质量代表着物种的适合度，所以，研究种子萌发是理解物种的维持与进化，乃至群落构建的基础。种子萌发是由种子的活力决定的，其发芽的潜在能力或种胚所具有的生命力称作种子生活力（seed viability）。

种子生活力的大小是由种子形成过程中自身发育程度及环境条件决定的。在种子形成的过程中，为了更好地达到延续后代的目的，母体会把尽可能多的能量贮存到种子中，以便种子有更强的活力应对萌发的环境。然而面对不断变化的环境条件，母体的这一"愿望"不一定都能实现。不把尽可能多的能量传送到种子中，会导致种子不成熟，生活能力不足，出现败育现象。此现象在农业生产中将直接影响到作物的产量，因此测定种子生活力的大小无论在理论研究和生产实践中都具有重要的意义。

测定种子生活力常采用生物化学染色法，其原理是：活种子的胚在呼吸作用过程中能进行氧化还原反应，而死种子则无此反应。当 TTC（2,3,5-氯化三苯基四氮唑）渗入活种子胚细胞内作为氢受体而被脱氢辅酶（$NADH_2$ 或 $NADPH_2$）上的氢还原时，无色的 TTC 转变为红色的 TTF（三苯基甲腙）。所以，可以根据不同种子染色的强度来定性观察和定量分析不同种子的生活力。

【教学安排】

本实验根据所采种子的不同，所需时间 4~6 h。采集种子可安排在课前。

【实验用品】

1. 实验器材

恒温培养箱、培养皿、滤纸、镊子、天平、烧杯、单面刀片、记号笔（或标签纸）。

2. 植物材料

自采种子、绿豆、玉米等。

3. 试剂

乙醇、TTC（2,3,5-氯化三苯基四氮唑）、蒸馏水。

【操作步骤】

1. 各组自行采集同物种不同生境或不同物种的种子，每个处理种子数不少于100粒，称量计算千粒重。

2. 不同处理的种子分别放入烧杯中，加入30℃温水浸泡2~6 h，使种子充分吸胀。以上步骤可在实验前进行。

3. 配制1 g/L TTC溶液。称取1 g TTC，加少量乙醇使其溶解，再加蒸馏水定容至1 000 mL。

4. 每个处理随机选取已吸胀的种子若干粒（如绿豆30粒），平均分成3份。用镊子和单面刀片将种子沿种胚中间剖开，取半片种子没于盛有TTC试剂的培养皿中，另半片浸泡于清水中作为对照。做好标记。

5. 将培养皿放在恒温培养箱（25~35℃）中培养1~6 h（不同的物种染色时间不一致，应随时观察染色效果）进行染色。

6. 染色结束后，立即进行鉴定。在表1-1、表1-2中记录数据。

表1-1　不同物种种子染色情况记录表

统计对象	玉米			绿豆			物种 i		
	1	2	3	1	2	3	1	2	3
供试种子数/粒									
染色种子数/粒									
染色时间/h									

表1-2　不同生境种子染色情况记录表

统计对象	生境一			生境二			生境 j		
	1	2	3	1	2	3	1	2	3
供试种子数/粒									
染色种子数/粒									
染色时间/h									

【数据分析】

1. 分析不同物种种子的生活力差异。

2. 分析不同生境同一物种种子的生活力差异。

3. 分析种子大小（千粒重）与生活力之间的关系。

【注意事项】

1. 涉及切割，自采的种子不宜过小。

2. TTC 现配现用，如需贮藏则存放于棕色瓶中，阴凉黑暗保存。

3. 染色温度一般以 25～35℃为宜。

4. 注意区分胚、胚乳以及其他组织的染色。

【作业与思考】

1. 影响种子生活力的因素有哪些？

2. 比较不同物种或不同生境植物繁殖对策差异。

更多数字资源……

◆ 实验彩色图片　　　◆ 程序代码　　　◆ 作业与思考参考答案

实验 2
环境污染对种子萌发的影响

【实验目的】

1. 熟悉影响种子萌发的环境因素。

2. 了解环境污染对种子造成的毒害。

【背景与原理】

影响种子萌发的因素有很多，总体上分为内因和外因两大类。内因指的是种子本身潜在的萌发能力，即种子生活力。外因指的是外部环境因素，如水分、温度、光照、污染物等。通常情况下，植物种子的萌发过程为：适宜的环境条件（水分、温度和氧气等）下，种子吸水膨胀，在各种酶的催化作用下发生一系列的生理、生化反应，胚珠慢慢萌发，产生新的植株个体。即使种子具有较强的生活力，如果环境条件不适宜，仍然无法顺利萌发。那么，哪些环境条件影响种子的萌发？它们又是如何影响种子萌发的？只有明确了解环境污染对生物的重大影响，人们才能更好地消除污染、自发地保护环境。

污染物对生物的主要影响是它们参与了生物体的物质循环、破坏了生物体的一些正常生理过程。对于植物种子而言，当有污染存在时，污染物会抑制种子里一些酶的活性，使种子萌发受到影响，发芽过程受阻。因此，通过测定种子发芽情况，如小麦、黑麦等种子的发芽势和发芽率，就可以预测和评价环境污染物对植物的潜在毒性。

本实验通过添加不同浓度的洗衣粉溶液，测定种子发芽势和发芽率，观察污染物对种子萌发的影响。

【教学安排】

本实验培养准备约 2 h，培养萌发时间 7 天。培养期间添加水分，第 3 天和第 7 天统计种子萌发情况分别需要 0.5 h。

【实验用品】

1. 实验器材

恒温培养箱、培养皿、滤纸、烧杯、标签纸等。

2. 植物材料

发育正常、无毒、无蛀、完整的小麦种子或绿豆种子。

3. 试剂

洗衣粉、蒸馏水。

【操作步骤】

1. 配制不同浓度的洗衣粉溶液（低、中、高，如 0.1 g/L、1 g/L 和 10 g/L）。

2. 每组取 12 个干净的培养皿，贴上标签，注明洗衣粉溶液浓度、序号及组号。

3. 培养皿内放入等径滤纸两张做发芽床，加入 10 mL 标注浓度的洗衣粉溶液，以蒸馏水为对照组。每个培养皿放入 10 粒种子，各处理设 3 个重复。

4. 将培养皿放入恒温培养箱，温度设为 25℃。

5. 每日观察，干燥的发芽床补充蒸馏水，保持种子浸没。

6. 分别于第 3 天和第 7 天统计种子萌发情况，记入表 2-1。

表 2-1　不同洗衣粉浓度下种子萌发情况记录表

统计对象	第 n 天	低浓度			中浓度			高浓度			对照		
		1	2	3	1	2	3	1	2	3	1	2	3
供试种子数 / 粒	3												
	7												
萌发种子数 / 粒	3												
	7												

【数据分析】

1. 根据下列公式计算发芽势与发芽率：

$$发芽势 = 规定时间内发芽种子数 / 供试种子数 \times 100\%$$

$$发芽率 = 发芽种子数 / 供试种子数 \times 100\%$$

2. 分析不同污染物浓度对种子发芽势和发芽率的影响。

【注意事项】

发芽床的湿润程度对种子发芽有着很大影响，水分过多妨碍空气进入种子，水分不足会使发芽床变干，这两种情况都会影响发芽过程，使实验结果不准。

【作业与思考】

1. 污染物如何影响种子萌发？

2. 影响种子萌发的环境因素有哪些？

更多数字资源……

◆ 实验彩色图片　　◆ 程序代码　　◆ 作业与思考参考答案

实验 3
温度变化对金鱼代谢速率的影响

【实验目的】

1. 掌握生物呼吸耗氧量的测定方法。
2. 理解温度对动物能量代谢的影响。
3. 了解动物代谢的影响因素。

【背景与原理】

动物摄取的食物，需经过一系列的生物化学过程才能转化为动物能够利用的能量，该过程即为动物的代谢。动物代谢受物种、年龄、性别、形态、大小等内在因素的影响，也受温度等外在环境条件的影响。不同物种代谢能力不同，不同大小的同一物种代谢水平也不同，同一个个体在不同的环境条件下代谢能力也不同。一般来说，变温动物的代谢速率和温度的关系呈现单峰曲线模式。温度较低时，变温动物的代谢速率较慢，如冬眠的动物在长达几个月的冬季里一般不进食，仅维持基础代谢。随着环境温度的升高，动物的代谢速率逐渐增大，直至超过最适温度后，其代谢速率开始逐渐下降。

动物代谢过程需要消耗环境中的氧，耗氧量能够反映其能量代谢情况，如鱼类代谢速率可通过水体中溶解氧的变化量来计算。水体中溶解氧的测定一般采用碘量法，其原理如下：

往水中加入硫酸锰及碱性碘化钾，生成氢氧化锰沉淀。氢氧化锰性质极不稳定，迅速与水中溶解氧化合生成棕色沉淀锰酸锰（$MnMnO_3$）：

$$MnSO_4 + 2NaOH == Mn(OH)_2\downarrow（白色）+ Na_2SO_4$$

$$2Mn(OH)_2 + O_2 == 2MnO(OH)_2（棕色）$$

$$MnO(OH)_2 + Mn(OH)_2 == MnMnO_3\downarrow（棕色）+ 2H_2O$$

加入浓硫酸，棕色沉淀（$MnMnO_3$）与溶液中的碘化钾反应析出碘。溶解氧越多，析出的碘也越多：

$$2KI + H_2SO_4 == 2HI + K_2SO_4$$

$$MnMnO_3 + 2H_2SO_4 + 2HI == 2MnSO_4 + I_2 + 3H_2O$$

$$I_2 + 2Na_2S_2O_3 == 2NaI + Na_2S_4O_6$$

【教学安排】

本实验需要 4～5 h，持续进行。

【实验用品】

1. 实验器材

容量瓶（100 mL、1 000 mL）、广口瓶（500 mL）、碘量瓶（50 mL）、烧杯（50 mL、100 mL）、锥形瓶（250 mL）、棕色试剂瓶（100 mL）、量筒（1 000 mL）、碱式滴定管、电子天平、电炉（1 000 W）、水浴锅、移液管、玻璃棒、标签纸等。

2. 动物材料

金鱼。

3. 试剂

硫酸锰、氢氧化钠、碘化钾、淀粉、硫代硫酸钠、无水碳酸钠、浓硫酸、蒸馏水、冰块、无氯水（自来水晾晒 3 天以上）等。

【操作步骤】

1. 溶液配制

硫酸锰溶液：称量 48 g 分析纯硫酸锰（$MnSO_4 \cdot H_2O$）溶于蒸馏水中，过滤后定容到 100 mL。

碱性碘化钾溶液：称量 30 g 氢氧化钠、15 g 碘化钾溶解于约 50 mL 蒸馏水中，冷却后混匀，定容至 100 mL，贮于棕色瓶中避光保存。

淀粉溶液（10 g/L）：称取 1 g 可溶性淀粉，用少量水调成糊状，用煮沸的蒸馏水稀释至 100 mL。

硫代硫酸钠标准溶液（0.025 mol/L）：称量 6.2 g 分析纯硫代硫酸钠（$Na_2S_2O_3 \cdot 5H_2O$）于煮沸后放冷的蒸馏水中，然后再加入 0.2 g 无水碳酸钠，稀释至 1 000 mL，贮于棕色瓶中。

2. 选取 3 条活跃的金鱼，编号并称量：100 mL 小烧杯中加入少量水置于天平上，归零后放入金鱼称量（m），记录（表 3–1）。

3. 测量待测金鱼体积：1 000 mL 量筒加入约 500 mL 水，记录刻度，将金鱼放入量筒，再次记录刻度，计算差值得到金鱼体积（V_f），记录。

4. 取 4 个广口瓶盛满无氯水并编号，置于 10℃水浴中，分别放入对应编号的金鱼，剩下 1 个作为对照。盖紧盖子保证瓶中无残留空气，30 min 后取出金鱼。

5. 用虹吸法立即将广口瓶中的水样分别装入 50 mL 碘量瓶中，装满至溢出。

6. 吸取 1 mL 硫酸锰溶液和 2 mL 碱性碘化钾溶液，于碘量瓶中液面下加入，将产生白色沉淀。盖紧瓶塞、混匀，沉淀变为棕色。

7. 沿瓶口加入 1 mL 浓硫酸，盖紧瓶塞，摇动至溶液澄清，静置 5 min。

8. 碘量瓶中的溶液倒入 250 mL 锥形瓶中，用硫代硫酸钠溶液滴定至浅黄色；加入 10 滴淀粉溶液混匀，溶液变为深蓝色；继续滴定至蓝色消失，记录滴定所用硫代硫酸钠溶液的总体积（V）。

9. 依次改变水浴温度为 20℃和 30℃，重复 4～8 步骤。注意保持金鱼和广口瓶编号一致。

10. 将实验组的广口瓶重新装满水，再将水倒入 1 000 mL 量筒中，分别记录广口瓶

容量 V_a，计算其与金鱼体积的差值，得到广口瓶中水的体积 V_b，记录于表 3-1 中。

表 3-1　实验记录表

处理	编号	鱼质量 m /g	鱼体积 V_f /mL	瓶容量 V_a /mL	瓶中水体积 V_b /mL	滴定量 V/mL 10℃	20℃	30℃
实验组	1							
	2							
	3							
对照组	CK							

【数据分析】

1. 用以下公式计算溶氧量质量浓度（DO）：

$$DO = \frac{V \times C \times 32}{4 \times 50}$$

式中，DO 为溶氧量质量浓度（mg/mL）；V 为硫代硫酸钠标准溶液滴定体积（mL）；C 为硫代硫酸钠溶液浓度（mol/L）；32 为氧气的分子量；50 为碘量瓶的体积（mL）；4 为每 mol 氧气消耗 4 mol 硫代硫酸钠。

利用以下公式计算呼吸耗氧量（RO）：

$$RO = (DO_{CK} - DO_T) \times V_b$$

式中，RO 为呼吸耗氧量（mg）；V_b 为广口瓶中水的体积（mL）；DO_{CK} 为对照组瓶中溶氧量（mg/mL）；DO_T 为实验组瓶中溶氧量（mg/mL）。

利用以下公式计算单位体重呼吸耗氧率（R）：

$$R = \frac{(DO_{CK} - DO_T) \times V_b}{t \times m}$$

式中，R 为单位体重呼吸耗氧率 [mg/(g·h)]；t 为金鱼实验持续时间（h，本实验 t = 0.5 h）；m 为金鱼体重（g）。

2. 分析不同温度下不同体重金鱼的呼吸速率变化情况。

【作业与思考】

1. 动物呼吸速率随温度的变化规律是什么？
2. 影响动物呼吸速率的因素还有哪些？
3. 动物体重与呼吸速率的关系是什么？
4. 实验中为什么用无氯水？

更多数字资源……

◆ 实验彩色图片　　◆ 程序代码　　◆ 作业与思考参考答案

实验 4
动物种群数量统计

【实验目的】

1. 熟悉种群数量统计的一般原理。
2. 掌握标记重捕法、重复标记重捕法、去除取样法。

【背景与原理】

种群的数量和分布是种群生态学的核心问题，了解种群的时空动态，有利于生物多样性的保护和可持续利用。不同于相对固定的植物，动物种群的数量受迁入和迁出等因素影响较大。同时，栖息地的破碎以及种群分布格局的不同，也会导致种群数量统计产生误差。

动物种群数量统计通常采用取样法（sampling method），主要包括标记重捕法、重复标记重捕法、去除取样法。

标记重捕法（mark-recapture method）：在统计区域内，捕获一部分个体进行标记，释放并经过一段时间后再次捕获，根据重捕中标记个体数的比例推算该区域种群数量。其计算公式为：

$$N = (M \times n)/m$$

其中，N 为该区域总个体数，M 为总的标记数，n 为重捕个体数，m 为重捕的标记个体数。此方法的假设前提是：标记个体分布均匀，没有迁入与迁出，没有新的出生和死亡。

重复标记重捕法（repeat mark-recapture method）：是在标记重捕法的基础上进行多次重捕和标记。标记每次重捕中的未标记个体并将其释放，记录数据。计算公式如下：

$$N = \sum (n_i M_i)/\sum m_i$$

其中，N 为种群总个体数，n_i 为第 i 次捕获的个体数，m_i 为第 i 次捕获的标记个体数，M_i 为第 i 次取样时统计区域内所有的标记个体数。

去除取样法（removal sampling）：在一个封闭的种群内，随着连续地捕捉，种群数量逐渐减少，因而花同样的捕捉力量所取得效益、捕获数逐渐降低。随着连续捕捉，逐次捕获的累计数逐渐增大。将逐次捕获数（y）对每次捕获累计数（x）作散点图，并进行线性回归。回归线与 x 轴交点（$y = 0$）表示种群大小。回归方程：$y = a + bx$，种群大小的估计值 $N = -a/b$。该方法的假设条件为：每次捕捉时动物受捕概率相等，调查期间没有迁入和迁出，种群内没有出生和死亡。

【教学安排】

室内实验需要 2 h。若同时进行大田验证（见作业与思考 3），共需 4 h。

【实验用品】

围棋子（本例用黑白棋子代替样本）、布袋、烧杯（50 mL 或 100 mL）等。

【操作步骤】

一、标记重捕法

1. 在布袋中装入白色围棋子 250 个，作为未标记个体。

2. 再装入黑色棋子 50 个，作为标记个体（M），计入表 4-1。装入的总棋子数（白色棋子数 + 黑色棋子数）为实际种群大小（N）。

3. 混匀后，随机取一烧杯棋子，在表 4-1 记录取出的总棋子数 n 和黑棋子数 m，计算种群大小 N_i。将取出的棋子倒回袋中，混匀，重复取样 5 次。可更换烧杯容量，模拟采样大小的变化。

4. N_i 平均值即为种群数量估计值，比较估计值和实际值的差异。

5. 调整 N、M 或烧杯大小，重复步骤 1~4，记录并计算结果。

表 4-1　标记重捕法数据记录表

次数	1	2	3	4	5	标记个体（M）	估计值	实际值（N）
n								
m						50		
N_i								300

二、重复标记重捕法

1. 在布袋中装入白色围棋子 250 个，作为未标记个体。

2. 再装入黑色棋子 50 个，作为标记个体（M_1），计入表 4-2。装入的总棋子数为实际种群大小（N）。

3. 随机取一烧杯棋子，记录总棋子数 n_1 和黑棋子数 m_1；用黑棋子代替取出的白棋子，并与取出的黑棋子一起放入布袋中，记录此时的黑棋数为 M_2，则 $M_2 = n_1 - m_1 + M_1$。

4. 再随机取一烧杯棋子，记录其中的总棋子数 n_2 和黑棋子数 m_2。则种群大小 $N = (M_1 \times n_1 + M_2 \times n_2) / (m_1 + m_2)$。

表 4-2　重复标记重捕法数据记录表

次数	1	2	⋯	k	估计值	实际值（N）
n_i						
m_i						
M_i						300

若步骤 3 重复 k 次，则种群大小为：

$$N = (M_1 \times n_1 + M_2 \times n_2 + \cdots + M_k \times n_k) / (m_1 + m_2 + \cdots + m_k)$$

三、去除取样法

1. 布袋中装入白色围棋子 300 个，为实际种群大小（N）。

2. 随机取一烧杯棋子，在表 4–3 中记录白棋子数 y_i 及先前累计取出白棋子 x_i（第一取样 x_i 为零）。用黑棋代替取出的白棋再放入布袋中。

3. 重复步骤 2 至少 5 次，记录每次取样结果。

4. 拟合曲线，计算种群数量（$N = -a/b$）。

5. 调整 N 或烧杯大小，重复步骤 1~4，记录并计算结果。

表 4–3　去除取样法数据记录表

抽样次数	每次取出的白棋子数（y_i）	先前累计取出的白棋子数（x_i）
1		0
2		
3		
4		
5		

【注意事项】

1. 每次取样前，保证充分混匀。

2. 多次取样以减少误差。

【作业与思考】

1. 比较、讨论三种取样方法的差异。

2. 哪些因素会影响标记重捕法的准确性？

3. 利用学校附近的草地，按照以上方法统计蝗虫的种群数量。

【参考文献】

孙儒泳 . 动物生态学原理［M］. 北京：北京师范大学出版社，2001.

更多数字资源……

◆ 实验彩色图片　　　◆ 程序代码　　　◆ 作业与思考参考答案

实验 5
草履虫种群在有限环境中的逻辑斯谛增长

【实验目的】

1. 掌握草履虫的培养方法。
2. 了解草履虫种群在有限环境中的逻辑斯谛增长过程。

【背景与原理】

资源受限的环境中，种群的增长伴随着资源的不断消耗，个体间对资源的竞争也在逐渐增大，从而影响到种群的出生率和死亡率，使种群增长率降低，直至趋近于零，此时种群达到环境容纳量，数量不再发生大的变化，该增长模式为逻辑斯谛增长（图 5–1），其模型为：

$$\frac{dN}{dt} = rN\left(1 - \frac{N}{K}\right)$$

式中，N 为种群密度；K 为环境容纳量；r 为内禀增长率。

本实验通过培养繁殖速度较快的草履虫，观察其在有限资源中的增长过程。

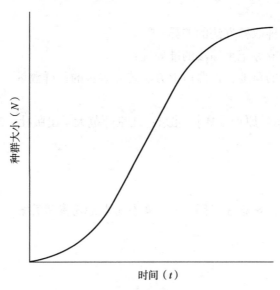

图 5–1　种群的逻辑斯谛增长过程

【教学安排】

本实验培养前准备约 2 h，培养时间 7 天，每天检测时间约 0.5 h。

【实验用品】

1. 实验器材

培养箱、显微镜、移液器、250 mL 锥形瓶、电炉、纱布、量筒、橡皮筋、记号笔、血细胞计数板等。

2. 实验材料

草履虫（*Paramecium caudatum*）、大米。

3. 试剂

固定液（如 0.1% 乙酸溶液）。

【操作步骤】

1. 制备草履虫培养液

将 20 粒米浸入 500 mL 自来水中，煮沸 5 min，加盖冷却到室温。

2. 接种草履虫

取冷却后的草履虫培养液 50 mL，置于 250 mL 锥形瓶中，加入 50 mL 蒸馏水。锥形瓶中接种草履虫，使培养液草履虫密度为 2~5 只 /mL。每组接种 3 个锥形瓶作为重复，标记。

3. 培养草履虫

用纱布和橡皮筋将锥形瓶封口，置于 20℃ 培养箱中培养。

4. 定期检测和记录草履虫种群密度

连续培养 7 天，每天定时对锥形瓶中的草履虫密度进行检测：轻轻摇匀锥形瓶中的草履虫培养液，吸取 50 μL 于血细胞计数板中，当在显微镜下看到有游动的草履虫时，滴入一小滴固定液杀死草履虫，进行草履虫计数。按上述方法重复取样 3 次，求平均值并计算种群密度，记录在表 5-1 中。

表 5-1　种群密度记录表

取样次数	时间						
	第 1 天	第 2 天	第 3 天	第 4 天	第 5 天	第 6 天	第 7 天
1							
2							
3							
平均值							

【数据分析】

1. 根据实验结果，绘制草履虫种群的增长曲线。

2. 估算本实验中草履虫的环境容纳量。

【注意事项】

统计草履虫密度时，每次取样前需摇匀。

【作业与思考】

1. 改变草履虫培养体系中的草履虫初始密度，比较草履虫种群的增长曲线变化情况。

2. 改变草履虫培养体系中的培养液浓度，比较草履虫种群的增长曲线变化情况。

更多数字资源……

◆ 实验彩色图片　　◆ 程序代码　　◆ 作业与思考参考答案

实验 6
植物种间竞争：替代系列实验

【实验目的】

1. 掌握替代系列实验的设计。
2. 掌握种间竞争的判定方法。

【背景与原理】

替代系列实验又被称为输入输出比例实验，此方法是由荷兰生态学家 de Wit 首创，用来判定植物种间竞争的结局[1]。此方法的核心为：在竞争物种总密度保持不变的前提下，调整两个混播物种的初始种植比例，把初始比例作为输入比例；经过一段时间培养后，测量两物种功能数量（如生物量、分蘖数等）比值，作为输出比例；最后分析输入比例与输出比例之间的变化关系，以此判断两个竞争物种之间的竞争结局。

在分析输入输出比例时，以输入比例为横轴（对数尺度），输出比例为纵轴（对数尺度）作散点图，并进行线性拟合。另外，由原点开始做一条角平分线（$y = x$）。如果两个物种存在竞争关系，则输入输出比例点的分布可分为以下 4 种（图 6-1）：①输入输出比例点均在角平分线上方（图 6-1a），种 A 在混合种群的比例越来越大，直至种 B 被完全排除；②输入输出比例点均在角平分线下方（图 6-1b），种 B 在混合种群的比例越来越大，直至种 A 被完全排除；③输入输出比例点所在直线与角平分线有交点，且斜率小于 45°（图 6-1c），交点即为稳定平衡点，当输入比例小于平衡点，输入比例会被放大输出，当输入比例大于平衡点，输入比例被缩小输出，种 A 和种 B 的比例趋于平衡点，两物种稳定共存；④输入输出比例点所在直线与角平分线有交点，且斜率大于 45°（图 6-1d），当输入比例大时，种 A 获胜，反之种 B 获胜，此类竞争是依赖于初始种植比例的不稳定平衡。

本实验选取两个亲缘关系较近的物种，进行替代系列实验，分析判断两物种之间的竞争结局。

【教学安排】

本实验需提前育苗，移苗过程约需 2 h，持续培养至少两个月。培养期间注意补充水分和培养液，最后的数据采集约需 2 h（不包括烘干时间）。

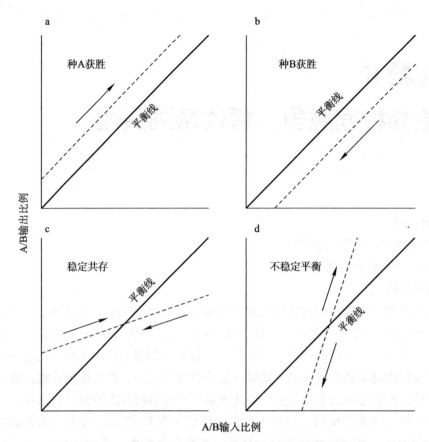

图 6-1 替代系列实验的竞争结局分析（仿王刚等，1998）

【实验用品】

1. 实验器材

花盆、量筒、剪刀、信封、标签、记号笔、干燥箱、天平等。

2. 植物材料

大麦（*Hordeum vulgare*）、燕麦（*Avena sativa*）。

3. 培养基质

营养土、营养液。

【操作步骤】

1. 准备实验

用石英砂在瓷托盘上提前完成植物材料的催芽、育苗。

2. 移苗

当植物生长至 1 叶 1 心（建议 3 叶 1 心）时，可移苗。花盆加入营养土，每盆种植 10 株植物，大麦∶燕麦比例（输入比例）分别按 9∶1、8∶2、7∶3、6∶4、5∶5、4∶6、3∶7、2∶8、1∶9 处理，每个处理重复 3 次。编号标记。移苗完成后，浇透水。

3. 观察及维护

（1）观察幼苗生长情况，出现死亡及时补苗并记录。

（2）根据生长情况添加营养液（每盆添加量相等），干旱时补充水分（浇透）。

4. 数据采集

实验结束后，齐根剪植株地上部分，每盆按物种分别装入信封烘干称量，计算两物种地上生物量比例（输出比例）。

【数据分析】

根据实验结果作图，分析大麦和燕麦的竞争结局。

【注意事项】

1. 移苗时尽量避免损伤植株（包括根系），尽量使植株分布均匀。

2. 实验中使用的水如为自来水，则需提前晾晒。

【作业与思考】

1. 保持物种不变的前提下，种间竞争结局可能发生变化吗？

2. 可选择其他物种对，分析其竞争结局。

【参考文献】

王刚，蒋文兰 . 人工草地种群生态学研究［M］. 兰州：甘肃科学技术出版社，1998.

更多数字资源……

◆ 实验彩色图片　　　◆ 程序代码　　　◆ 作业与思考参考答案

实验 7
巢式样方法绘制种 – 面积曲线

【实验目的】
1. 巩固群落调查方法。
2. 绘制植物群落的种 – 面积曲线。
3. 了解取样最小面积确定的原理。

【背景与原理】
样方调查是群落调查最常用的研究手段。通过样方调查，可以了解群落的物种组成以及基本结构。样方面积一般不小于群落的最小面积。所谓最小面积，是指能包含群落中大多数物种所需的最小取样面积。不同群落类型的最小面积存在差异，通常根据种 – 面积曲线来确定。了解种 – 面积曲线绘制的基本原理、掌握群落最小面积确定的方法是所有生态工作者必须具备的基础知识。

绘制种 – 面积曲线常用巢式样方法（图 7–1），即在调查草本植物群落时，所用样方面积最初为 $1/64 \text{ m}^2$，之后依次为 $1/32 \text{ m}^2$、$1/16 \text{ m}^2$、$1/8 \text{ m}^2$、$1/4 \text{ m}^2$、$1/2 \text{ m}^2$、1 m^2、2 m^2、4 m^2、8 m^2、16 m^2、32 m^2、64 m^2、128 m^2、256 m^2、512 m^2，在表 7–1 中依次记录相应面积中物种数量。群落最小面积包含了不低于群落总物种数 84% 的物种。

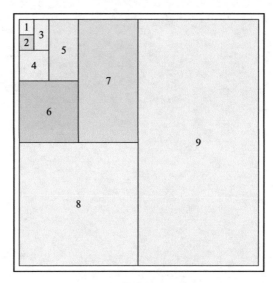

图 7–1　巢式样方示意图

不同的群落类型，巢式样方起始面积和面积扩大的级数有所不同，可参考表 7–1 的形式自行设计。

表 7–1　巢式样方法记录表

顺序	面积 /m²	物种名称
1	1/64	
2	1/32	
3	1/16	
4	1/8	
5	1/4	
6	1/2	
7	1	
8	2	
9	4	
10	8	
11	16	
12	32	
13	64	
14	128	
15	256	
⋮	⋮	

在实际绘制种 – 面积曲线时，可参考如下方式：在研究的群落中选择植物生长较为均匀的区域，用样绳圈定一块小的面积（如草本群落最初的面积设为 10 cm × 10 cm，森林群落设为 5 m × 5 m），然后按照倍增方式扩大调查面积，记录每一面积内的所有物种。随着取样面积增大，植物种类迅速增加，之后增幅下降，直到物种数趋于稳定。

【教学安排】

本实验约需 3 h，具体时间根据植被状况确定。

【实验用品】

卷尺、样方调查表、样方框或样绳、皮尺等。

【操作步骤】

在校园内或附近，选择一块物种分布均匀的自然草地，用皮尺随机圈定 10 cm × 10 cm 的样方，登记所有植物的种类。然后按照倍增方式不断扩大调查面积，记录所有物种，直到面积扩大时植物种类很少增加或不再增加为止（图 7–2）。

扫描二维码
浏览彩图

图 7-2　巢式样方（选自兰州大学 2019 级生态班实验课）

【数据分析】

1. 绘制种 - 面积曲线。

2. 确定最小面积。

【作业与思考】

非完整位于边界内的个体如何取舍？

更多数字资源……

◆ 实验彩色图片　　◆ 程序代码　　◆ 作业与思考参考答案

实验 8
有机质分解速率的测定

【实验目的】

1. 了解有机物质分解的一般过程。

2. 学习有机物质分解速率的测定方法。

3. 了解影响有机物质分解的因素。

【背景与原理】

有机质分解过程一般包含碎裂、异化和淋溶等途径，其影响因素主要有分解者生物、待分解资源质量以及理化环境等。在一定的环境条件之下，分解者把生产者合成的有机物质最终分解成无机物质，实现物质和能量在生物圈和自然界的循环，所以分解过程在生态系统中发挥着重要的功能。测量有机物质分解有助于了解生态系统的物质循环过程和生态系统功能，其方法主要有室内培养法和原位培养法。

室内培养法：同时采集自然界的有机物质和土壤，实验室内控制条件下培养，对比培养前后有机物质的质量损失情况，定量分析有机物质的分解速率。

原位培养法：把收集到的有机物质装入分解袋，回埋至原生境，对比培养前后有机物质的质量损失情况，依此来定量分析有机物质的分解速率[1, 2]。

本实验通过室内培养法和原位培养法，分析不同有机物质在不同环境条件下分解速率的差异。

【教学安排】

本实验培养前准备约 2 h，持续时间 1 个月，培养后测量约 2 h。

【实验用品】

1. 实验器材

培养箱、烘箱、自制同化箱（参考实验 28）、二氧化碳分析器（Li-850）、土钻、大号螺丝刀、自封袋、尼龙袋（100 目，5 cm × 10 cm）、土壤筛（孔径 2 mm）、保鲜膜、研钵，离心管（50 mL）、烧杯（>500 mL）、剪刀、信封、记号笔等。

2. 植物材料

苜蓿、赖草。

3. 试剂

硝酸铵溶液（含氮量 5 g/L）。

【操作步骤】

一、室内培养法

1. 样品采集：用土钻采集 0～15 cm 深度的土样约 1 kg，装入自封袋带回实验室。同时采集不同物种（本例为苜蓿和赖草）的落叶各 100 g 左右，装入信封带回实验室。

2. 样品处理：去除土样中可见的植物根，过 2 mm 土壤筛；植物样品烘干后研碎。

3. 实验处理：50 mL 离心管加入 25 g 过筛土样，按表 8-1 进行处理，每个处理设 6 个重复，标记。

表 8-1 室内培养法实验设计方案

处理	苜蓿 /g	赖草 /g	水 /mL	硝酸铵溶液 /mL
1	2	0	5	0
2	0	2	5	0
3	1	1	5	0
4	2	0	0	5
5	0	2	0	5
6	1	1	0	5

4. 培养：离心管精确称量（m_0）后，放入自制同化箱并用 Li-850 测定 CO_2 释放速率（$Flux_0$）。将各处理的 6 个离心管（不盖盖）分为两组，放入盛有少量水的烧杯中，保鲜膜封住烧杯口，分别放入 10℃、25℃ 的培养箱培养。培养期间每天揭开保鲜膜通气 10 min。

5. 测量：培养 1 个月（t）后再次精确称量每个离心管的质量（m_1），并测定 CO_2 释放速率（$Flux_1$）。

6. 计算：有机质分解量以培养前后质量差值表示（$m_0 - m_1$）；培养期间平均分解速率可以通过（$m_0 - m_1$）/t 计算；瞬时分解速率可用 $Flux_1$ 表示。

二、原位培养法

1. 样品采集：在草地收集不同物种（本例为苜蓿和赖草）的落叶，剪成小段后混匀、烘干，分别装入 6 个 100 目 5 cm × 10 cm 的尼龙袋中，束口，编号后称量（m_0）。

2. 处理：将 6 份样品分成两组，一组各喷洒 10 mL N 溶液，另一组作对照，标记处理。

3. 培养：将尼龙袋埋入收集落叶的草地中，平放，深度约 10 cm。

4. 测量：1 个月后（t），将尼龙袋取出，去掉尼龙袋表面泥土，带回实验室烘干称量（m_0）。

5. 计算：有机质分解量以培养前后质量差值表示（$m_0 - m_1$）；培养期间平均分解速率可以通过（$m_0 - m_1$）/t 计算。

【数据分析】

1. 比较不同物种有机物质分解速率的差异。

2. 比较不同温度对有机物质分解速率的影响。

3. 分析氮元素添加对有机物质分解速率的影响。

4. 比较两种方法的有机物质分解速率（以单位质量计算）差异。

【注意事项】

1. 收集落叶时洗净泥土。

2. 均匀喷洒氮液。

【作业与思考】

1. 实验中添加的氮元素主要起什么作用？

2. 尼龙袋目次的大小对有机质分解作用有何影响？

【参考文献】

1. 陈玥希，陈蓓，孙辉，等 . 川西高海拔增温和加氮对红杉凋落物有机组分释放的影响［J］. 应用生态学报，2017，28（6）：8.

2. 崔嘉楠，陈玥希，孙辉 . 增温和增氮对红杉（*Larix potaninii*）新鲜凋落物矿质元素释放的影响［J］. 四川农业大学学报，2015，33（2）：7.

更多数字资源⋯⋯

◆ 实验彩色图片　　　◆ 程序代码　　　◆ 作业与思考参考答案

实验 9
重金属在生态系统中的迁移、积累和分布

【实验目的】

1. 了解重金属在农田生态系统中的迁移、积累和分布特征。
2. 学习植物样品中重金属元素的测定方法。
3. 熟悉物质循环过程。

【背景与原理】

矿物元素在大气圈、水圈、岩石圈之间以及生物之间的流动和交换称为生物地化循环。通过生物地化循环，各种矿物质在生态系统中流动。有些金属元素尤其是重金属不易代谢排出，在生物体内富集，造成生物机体损伤。生物积累主要包含两个过程：①生物浓缩，指生物直接从环境中摄取毒物；②生物放大，指从食物中摄取毒物，生物积累造成某些毒物的浓缩。重金属物质在生物体内迁移，在不同的组织或器官中富集。通常情况下，植物体内重金属的分布浓度规律：根 > 茎叶 > 籽实。

近年来，随着人类开采矿山以及冶炼行业的排放加剧，越来越多的重金属随着废水、工业粉尘、城市污水以及农药等进入生态系统。重金属一般积累在土壤的表层，沿土壤深度含量逐渐减少。酸性土壤中，重金属容易发生淋溶迁移，越来越多的重金属进入生物体内，产生累积。例如，农作物吸收、积累水或土壤中的重金属，在食物链中迁移和积累，最终危害人类健康。了解和认识重金属在生态系统中的迁移、积累和分布，对于维持生态系统和人类的健康至关重要。

本实验通过铜标准溶液处理植物材料，分析、比较植物各器官的铜浓度，即可获得重金属铜在植物体内的迁移、积累和分布规律。

【教学安排】

本实验包括 3 个时间节点：植物培养、重金属处理、重金属测定。前两个节点可安排在其他实验空闲时间，重金属测定约需 2 h。

【实验用品】

1. 实验器材

光照培养箱、原子吸收分光光度计、育苗盘（12 孔）、容量瓶（1 000 mL）、剪刀、直尺、信封等。

2. 植物材料

水稻、菠菜、三叶草。

3. 试剂

营养液、培养土、铜标准溶液（1 000 μg/mL）。

【操作步骤】

1. 植物培养：育苗盘加入培养土，每孔点入 3 粒同物种种子，水稻、菠菜和三叶草各 4 孔（随机分布）。准备 2 盘，编号，放入光照培养箱中（28 ℃，12L∶12D）培养。定期浇营养液。

2. 配制 1 μg/mL 铜标准溶液：取 1 mL 铜标准溶液（1 000 μg/mL）放入 1 000 mL 容量瓶，加入蒸馏水至 1 000 mL。

3. 重金属处理：植株长到合适大小时，每孔保留 1 株。其中一盘每孔加入 1 mL 铜标准溶液，另一盘加蒸馏水作为对照。

4. 重金属浓度测定：培养一周后，每株植物按根、茎、叶分别取样。将样品及培养土烘干、称量、研碎，取 0.3 g 样品消解处理后，用原子吸收分光光度计测定铜浓度，填入表 9-1。

表 9-1　不同植物不同部位的铜浓度（μg/mL）

序号	根		茎		叶		培养土	
	处理	对照	处理	对照	处理	对照	处理	对照
1								
2								
3								
4								
平均								

【数据分析】

1. 分析比较植物体不同部位铜浓度的差异。
2. 分析植物各部位与其生活环境中铜浓度的差异。
3. 分析不同植物各部位积累铜浓度的差异。

【注意事项】

如条件具备，培养的植物可以延至开花期或结果期，此时可以测量花和果实中的铜含量。

【作业与思考】

铜在植物体各部位分部的规律是什么？

更多数字资源……

◆ 实验彩色图片　　　◆ 程序代码　　　◆ 作业与思考参考答案

第二部分 ◀

创新实验

实验 10
植物叶绿素含量随环境因子变化规律

【实验目的】
1. 掌握叶绿素的提取和测定方法。
2. 了解 SPAD502 快速测定叶绿素的方法。
3. 观察叶绿素荧光现象。
4. 探讨影响植物叶绿素含量的常见因素。

【背景与原理】

叶绿素（chlorophyll）是高等植物捕获光的主要成分，主要包括叶绿素 a 和叶绿素 b。叶绿素吸收的光能除了进入电子传递链和以热量的形式耗散外，有 2%~10% 的能量通过荧光（fluorescence）释放，因此叶绿素荧光可以很好地反映活体植物的光合作用过程。

叶绿素形成和稳定性受环境因子的影响，如光照、温度、水分、养分状况等。光照促进叶绿素的形成，光照过强则会破坏叶绿素；温度调控叶绿素的合成，温度过低抑制叶绿素形成，温度过高使叶绿素分解大于合成；营养元素是叶绿素的主要组成成分或催化成分，缺少营养元素将引起缺绿症；水是叶绿素合成的介质和反应物，干旱使叶绿素合成受阻。此外，叶片发育和养分回收等过程也影响叶绿素含量的变化。

叶片中的色素不溶于水而易溶于有机溶剂，通常采用层析法分离。纸层析法利用各色素在流动相和固定相的分配比（溶解度）差异而分离。滤纸上吸附的水为固定相，有机溶剂如乙醇等为流动相（推动剂），色素提取液为层析试样。

叶绿素 a、叶绿素 b 分别呈蓝绿色和黄绿色，在 80% 丙酮溶液中最大吸收峰分别位于 663 nm、645 nm。其中，663 nm 处叶绿素 a、叶绿素 b 的吸光系数分别为 82.04 和 9.27，而 645 nm 的吸光系数分别为 16.75 和 45.60。根据加和性原则列出以下关系式：

$$A_{663} = 82.04C_a + 9.27C_b \qquad ①$$

$$A_{645} = 16.76C_a + 45.60C_b \qquad ②$$

式中，A_{663} 和 A_{645} 为叶绿素溶液在 663 nm 和 645 nm 处的吸光度，C_a、C_b 分别为叶绿素 a、叶绿素 b 的浓度，以 mg/L 为单位。

解方程①和②可得：

$$C_a = 12.72A_{663} - 2.59A_{645} \qquad ③$$

$$C_b = 22.88A_{645} - 4.67A_{663} \qquad ④$$

将 $C_a + C_b$ 相加即得叶绿素总量 C_T：

$$C_T = C_a + C_b = 20.29A_{645} + 8.05A_{663} \qquad ⑤$$

利用上面③、④、⑤式，即可以计算叶绿素 a、b 及总叶绿素的总含量。通过溶液体积和叶片质量或面积，即可折算出单位质量或单位面积的叶绿素含量。

以上方法精确且可将叶绿素 a、b 的含量区分，但破坏叶片、材料需求大且费时费力。SPAD502 叶绿素计可以在不伤害叶片的前提下，通过测量叶片两种波长（650 nm 和 940 nm）的光学浓度差，即时测量植物的叶绿素相对含量（即绿色程度）。

本实验利用传统叶绿素测量法测定不同组分叶绿素含量，同时利用 SPAD502 速测法探讨影响叶绿素含量的因素。

【教学安排】

本实验室内约需 2 h，室外约需 2 h。

【实验用品】

1. 实验器材

分光光度计、叶绿素仪（SPAD502 Plus，日本 Konica Minolta）、天平、研钵、剪刀、漏斗、强光手电、玻棒、滤纸、铅笔、白纸、毛细管、容量瓶（25 mL）、滴管、试管。

2. 植物材料

菠菜、向日葵、蒲公英、自然生长的灌木、其他物种。

3. 试剂

95% 乙醇、碳酸钙、推动剂（$V_{石油醚} : V_{乙醚} = 4 : 1$）、石英砂。

【操作步骤】

1. 叶绿素提取

（1）取新鲜菠菜叶片，洗净并擦干，去除叶脉后剪碎。

（2）称取 5 g 剪碎的叶片放入研钵，加少量石英砂和碳酸钙粉，加入乙醇 5 mL，研磨成匀浆；再加入乙醇 10 mL，继续研磨充分。静止 3~5 min。该步骤不做重复，作为叶绿素分离与荧光观察的材料。

（3）另称取 0.20 g 剪碎的叶片放入研钵，加少量石英砂和碳酸钙粉，加入乙醇 2~3 mL，研磨成匀浆；再加入乙醇 10 mL，继续研磨充分。静止 3~5 min。设 3 个重复，作为叶绿素含量测定的材料。

（4）滤纸置于漏斗中，用少量乙醇润湿，玻棒导流过滤步骤（2）和（3）的匀浆。其中步骤（3）的匀浆用乙醇多次冲洗过滤，并用乙醇定容至 25 mL，摇匀。

2. 叶绿素分离

（1）制备滤纸条。准备好长 10 cm、宽 1 cm 的干燥滤纸条，剪去一端的两角，在距离该端大约 1 cm 处用铅笔画一条细线（图 10-1）。

（2）画滤液细线。用毛细管吸取少量叶绿素提取步骤（2）中的研磨滤液，沿细线画一条细而直的滤液线，吹干后再重复画滤液细线 2~3 次，每次画线都要吹干后再画。

（3）分离色素。将画好滤液线的滤纸条轻轻地插入盛有 3 mL 推动剂的容器中（如试管、烧杯等），密闭。注意滤液细线不能触及层析液。

（4）观察结果。10～15 分钟以后，取出滤纸条观察。从最远处（最上端）开始，依次出现的色素为橙黄色的胡萝卜素、黄色的叶黄素、蓝绿色的叶绿素 a、黄绿色的叶绿素 b（图 10-1）。

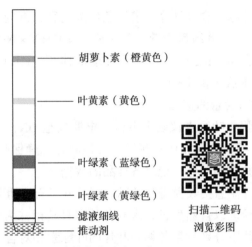

胡萝卜素（橙黄色）

叶黄素（黄色）

叶绿素（蓝绿色）

叶绿素（黄绿色）
滤液细线
推动剂

扫描二维码
浏览彩图

图 10-1　滤液色素分离示意图

3. 叶绿素荧光观察

（1）将叶绿素分离实验剩余的滤液转移至试管中。

（2）在弱光条件下，以白纸（或白墙）为背景，用强光手电照射试管。

（3）从不同角度观察滤液的反射光及透射光颜色。透射光呈现叶绿素的绿色，而反射光呈现叶绿素荧光的暗红色（图 10-2）。

扫描二维码
浏览彩图

图 10-2　叶绿素荧光现象（选自兰州大学 2019 级生态班实验）

4. 叶绿素含量的比色测定

（1）比色。以 95% 乙醇为空白，用 1 cm 比色杯测定波长 663 nm 和 645 nm 的吸光度，记为 A_{663} 和 A_{645}。

（2）滤液叶绿素含量计算。按公式③、④、⑤分别计算叶绿素 a、叶绿素 b 和总叶绿素的浓度。

（3）叶片中叶绿素含量计算。求得色素浓度后，再按下式计算叶片中色素的含量：

$$叶绿素含量（mg \cdot g^{-1}）= C \times V \times N/W/1\,000$$

式中，C 为色素含量（$mg \cdot L^{-1}$）；V 为提取液体积（mL）；N 为稀释倍数（未稀释则为 1）；W 为样品鲜重或干重（g）。

5. 叶绿素相对含量的速测

（1）测量步骤。叶绿素仪装上电池，电源拨至 ON；不放样品，按下探测头，屏幕显示 "N = 0--，-"，校准完成；测量头夹住叶片（确保叶片覆盖测量窗），测量结果会显示在屏幕上，并自动储存；记录各样品的数据。

以下测量过程注意接收窗避开叶脉，每片叶子至少重复 3 次。

（2）叶龄差异。以自然生长、未开花的向日葵植株为测量对象，从最高处完全展开的新叶起编号，往下分别测量各编号叶片的叶绿素相对含量。

（3）光照差异。以阔叶灌木为对象，选择叶龄相近的叶片，分别测定阳面和阴面的叶片，以及冠层上层和底层叶片的叶绿素相对含量。根据实际情况对叶片进行分组。

（4）物种差异。以校园内的不同物种为对象，速测正常生长的叶片叶绿素相对含量。对物种进行分类（如 C3 和 C4、木本和草本、禾本科和杂类草等），比较不同类型植物的叶绿素含量差异。

（5）养分差异。以校园内的蒲公英为例，测定绿篱内伴生（存在施肥情况）及平地（自然生长）正常生长的叶片叶绿素相对含量。根据实际情况记录生境特征。

【作业与思考】

1. 为什么有些植物的叶子是红色的？

2. 研磨叶片时，碳酸钙和石英砂的作用分别是什么？

3. 一般情况下，C3 植物和 C4 植物哪一类叶绿素含量高，为什么？

4. 以自然生长的木本植物叶片叶绿素相对含量为例，讨论植物在物质和能量最大化利用上的适应策略。

5. 讨论叶绿素荧光与植物生理状态之间的关系。

更多数字资源……

◆ 实验彩色图片　　　◆ 程序代码　　　◆ 作业与思考参考答案

实验 11
树木枝干分叉规律的探索

【实验目的】

1. 了解自然界树木枝干的分叉规律。

2. 验证"达·芬奇树干公式"。

3. 探讨树木枝干结构形成的原因。

【背景与原理】

1651 年，由拉斐尔·杜弗里森根据达·芬奇笔记手稿整理出版了《达·芬奇笔记》，内容涉及绘画、植物、建筑、人体、解剖、制造等多方面的内容。其中，关于树木枝干结构的模型，描绘了自然界中树木的分叉规律，即为"达·芬奇树干公式"。

如图 11-1A 所示，一棵树的枝干可分为多个级别，如主干的直径为 D_0，分叉后形成的支干直径分别为 $d_{1,1}$ 和 $d_{1,2}$（直径标识 d 的第一个下标相同，表示它们处于同一级分叉）；直径为 $d_{1,1}$ 的支干继续分叉后形成直径分别为 $d_{2,1}$ 和 $d_{2,2}$ 的支干，最终形成如图 A 所示的枝干结构。根据达·芬奇树干公式所描述的上一级树干直径的平方等于下一级所有子树干直径平方的和，如图 11-1B 所示，其中指数 $x = 2$。植物的根系吸取土壤中的水分，向上输送到植物的各组织，而运输动力主要来源于植物叶片的蒸腾作用。每片树叶都是一个微型水泵，通过枝干中的维管束抽取根部吸收的水分。水分输送过程中，假设通过每一级枝干的水流量和流速是一致的，则上级主干的截面积等于下级支干的截面积之和。然而，根据树种和几何形态的不同，其指数 x 的取值范围一般为 1.8 ~ 2.3[2]。本实验通过测定不同树种的 x 值，探索树木枝干分叉的规律。

【教学安排】

本实验约需 2 h。

【实验用品】

1. 实验器材

游标卡尺（用于测量纤细树干的直径）、胸径尺（用于测量粗壮树干的直径）、记录本、笔、电脑、R 软件。

2. 植物材料

乔木、灌木。

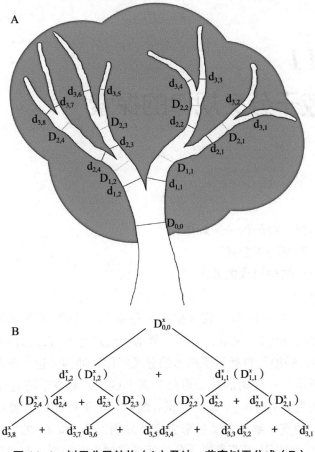

图 11-1 树干分叉结构（A）及达·芬奇树干公式（B）

【操作步骤】

1. 选择未修剪的乔木和灌木各 3 个物种，每个物种至少 5 个植株。

2. 从主干开始，每株至少测量 5 个分叉点（乔木以安全测量为原则）。

3. 分叉点附近分别测量上级主干和下级支干的直径，每个直径沿不同方向测 3 次取平均。将测得的数据填入表 11-1 中。

表 11-1 植物直径测量记录表（例表）

主干	支干	直径 /cm			
		1	2	3	平均
$D_{0,0}$	–				
–	$d_{1,1}$				
–	$d_{1,2}$				
$D_{1,1}$	–				
–	$d_{2,1}$				

主干	支干	直径 /cm			
		1	2	3	平均
–	$d_{2,2}$				
–	…				
$D_{2,4}$	–				
–	$D_{3,7}$				
–	$D_{3,8}$				

4. 将每个物种的直径平均值按表 11-2 所示整理，命名并保存（如"Tree.xlsx"）。

表 11-2 树干直径均值存储格式实例

D	d_1	d_2
12	9.2	7.2
9.3	7.1	6
7.5	5.5	5.4
7.2	5.7	4.3
6	4.6	3.9
5	3.6	3.5
5.2	3	4.2

5. 以 R 软件为例[3]，计算各分叉主干直径的平方 D^2 以及各支干直径平方和 $\sum d_i^2$，验证达·芬奇树干公式 $D^2 = \sum d_i^2$ 的拟合度（代码见 Code1）。

6. 用 R 软件求每个物种的指数 x（代码见 Code2）。

【Code1】

```
1. library("xlsx")
2. library("ggplot2")
3. ## 读取文件的第一种方法
4. Tree<-read.xlsx("Tree.xlsx",sheetName='Sheet1')
5. ## 读取文件的第二种方法
6. ## 如果不安装 xlsx 包或其他读取 .xlsx 文件的包，可先将文件另存为 .csv，再用
   read.csv()
7. #Tree<-read.csv("Tree.csv")
8. D_sqr<-Tree$D^2
9. d1_sqr<-Tree$d1^2
10. d2_sqr<-Tree$d2^2
```

11. d_sqr<-d1_sqr + d2_sqr

12.

13. ## 用 ggplot 函数绘图

14. tree<-data.frame(D_sqr,d_sqr)

15. ggplot(data=tree,aes(d_sqr,D_sqr)) +

16. geom_point()+

17. geom_smooth(aes(color="black"),method = lm,se = FALSE) + geom_abline(aes(color="red",slope=1,intercept=0),show.legend=FALSE) + scale_color_identity("linetype",guide="legend",labels=c("regression","y=x"))

18.

19. ## 用 plot 函数绘图

20. x1<-lm(D_sqr ~ d_sqr)

21. summary(x1)

22. plot(d_sqr,D_sqr)

23. abline(x1,col = "black")

24. abline(a = 0,b = 1,col = "red")

25. legend(30,130,legend = c("regression","y = x"), col = c("black","red"),title = "linetype",lty = 1,box.lty = 0)

【Code2】

1. ## 参数估计

2. x2 <- nls(D ~ (d1^x+d2^x)^(1/x), data=Tree, start=list(x=2))

3. summary(x2)

分析结果如下，其 x=1.96719。

```
Formula: D ~ (d1^x + d2^x)^(1/x)

Parameters:
  Estimate Std. Error t value Pr(>|t|)
x  1.96719    0.04215   46.67 6.48e-09 ***
---
Signif. codes:  0 '***' 0.001 '**' 0.01 '*' 0.05 '.' 0.1 ' ' 1

Residual standard error: 0.1512 on 6 degrees of freedom

Number of iterations to convergence: 2
Achieved convergence tolerance: 9.993e-06
```

【作业与思考】

1. 讨论树干结构形成的可能原因。

2. 修剪对树木枝干的分叉可能造成什么影响？

【参考文献】

1. 达·芬奇. 达·芬奇笔记［M］. 安娜·苏，编. 刘勇，译. 长沙：湖南科学技术出版社，2015.

2. Eloy C. Leonardo's Rule，Self–Similarity and Wind–Induced Stresses in Trees［J］. Physical Review Letters，2011，107（25）：258101.

3. Team R. The R Project for Statistical Computing［EB/OL］.（2022–3–10）［2022–3–10］. http：//www.r-project.org.

更多数字资源……

◆ 实验彩色图片　　　◆ 程序代码　　　◆ 作业与思考参考答案

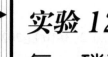

实验 12
氮、磷添加对小球藻生长的影响

【实验目的】

1. 了解藻类生长与水体中氮、磷养分的关系。

2. 认识"水华"等水体富营养化的形成过程与危害。

3. 进一步理解"利比希最小因子定律"。

【背景与原理】

藻类的生长与水体中营养元素的种类和含量关系密切，当环境中某种营养元素含量接近藻类所需要的最小值时，该元素成为限制因子（利比希最小因子定律）。通常情况下，水体中的氮、磷是藻类生长的主要限制因子，然而人类生产、生活伴随着氮、磷元素的排放，使水体中氮、磷供应增加，引起致藻类生长和生物量的变化[1]。

水体富营养化是氮、磷等植物营养物质含量过多所引起的水质污染现象。淡水水体富营养化，将导致藻类大量繁殖而引起水体变色，出现水华。水华的出现伴随着藻类呼吸的增强，减少夜间水中溶氧量，导致鱼类因缺氧窒息死亡，鱼类尸体的分解会进一步导致淡水水体的恶化。

本实验探讨不同梯度氮、磷添加对小球藻生长的影响，以及水中溶氧量的变化动态。

【教学安排】

本实验中如果提前完成营养液配制和藻种扩大培养，则培养前准备约需 2 h，持续培养约 7 天，每天约需 0.5 h，设置仪器后，自动完成溶氧量的测定。

【实验用品】

1. 实验器材

培养箱或培养室、分光光度计（Evolution 60，美国 Thermo）、显微镜、测氧仪（FSO2，德国 PyroScience）、滴管、血细胞计数板、三角瓶（250 mL）。

2. 试剂

蒸馏水、Kimura B 营养液所需试剂（表 12–1）。

3. 实验材料

小球藻（*Chlorella vulgaris*）。

表 12-1　Kimura B 营养液配方

全营养		缺氮		缺磷	
试剂	浓度 / $(mmol \cdot L^{-1})$	试剂	浓度 / $(mmol \cdot L^{-1})$	试剂	浓度 / $(mmol \cdot L^{-1})$
$(NH_4)_2SO_4$	0.37	Na_2SO_4	0.37	$(NH_4)_2SO_4$	0.37
$MgSO_4 \cdot 7H_2O$	0.55	$MgSO_4 \cdot 7H_2O$	0.55	$MgSO_4 \cdot 7H_2O$	0.55
KNO_3	0.18	KCl	0.18	KNO_3	0.18
$Ca(NO_3)_2 \cdot 4H_2O$	0.37	$CaCl_2$	0.37	$Ca(NO_3)_2 \cdot 4H_2O$	0.37
KH_2PO_4	0.21	KH_2PO_4	0.21	KCl	0.21
		$CO(NH_2)_2$（氮）	–	NaH_2PO_4（磷）	–

		微量元素			
试剂	浓度 / $(\mu mol \cdot L^{-1})$	试剂	浓度 / $(\mu mol \cdot L^{-1})$	试剂	浓度 / $(\mu mol \cdot L^{-1})$
$C_{10}H_{14}N_2Na_2O_8 \cdot 2H_2O$	20	$Na_2MoO_4 \cdot 2H_2O$	0.105	H_3BO_3	9.4
$FeCl_2 \cdot 4H_2O$	20	$ZnSO_4 \cdot 7H_2O$	0.15		
$MnCl_2 \cdot 4H_2O$	6.7	$CuSO_4 \cdot 5H_2O$	0.16		

注：pH = 7.0 ~ 7.5，可用 0.1 mol/L 的 NaOH 和 0.1 mol/L 的 HCL 调节。

【操作步骤】

1. 营养液的配制

根据表 12-1 中的所需的浓度，依次称取适量试剂并用蒸馏水溶解，配制全营养、缺氮、缺磷的营养液。其中微量元素可先配制成 1 000 倍母液。

2. 实验藻种扩大培养

取适量全营养液放入敞口容器（如三角瓶、烧杯等），接入藻种。置于 28 ± 1℃、约 100 $\mu mol (m^2 \cdot s)^{-1}$ 的光强下培养，光暗比为 12L：12D。待藻液呈现深绿色（密度大约 5×10^4 个 mL^{-1}）完成扩大培养。可按根据需要连续转接和扩大培养。

3. 标准曲线绘制

（1）取扩大培养的小球藻溶液，用分光光度计扫描最大吸收峰所在的波长（也可使用普通分光光度计手动调节波长测定），本例为 685 nm。

（2）按以下梯度（0、1 mL、2 mL、5 mL、10 mL、20 mL、40 mL、60 mL、80 mL、100 mL）分别吸取小球藻溶液加入 100 mL 容量瓶中，用营养液稀释至刻度，摇匀。

（3）以全营养液为空白对照，在吸收峰波长（如 685 nm）下快速测定以上溶液的吸光度 OD 值，每个梯度重复 3 次，取均值。

（4）摇匀，用滴管将以上梯度的藻液滴入血细胞计数板，计算藻液中小球藻的密度，以每毫升的个数计，每个梯度重复 3 次，取均值。

（5）以吸光度为横坐标，小球藻密度为纵坐标，绘制标准曲线。

4. 养分梯度的设置

（1）氮素梯度：使用缺氮营养液，通过调节尿素［$CO(NH_2)_2$］的添加量，设置氮素的梯度（0、0.5 mmol/L、1 mmol/L、1.5 mmol/L、2 mmol/L、2.5 mmol/L、3 mmol/L）。

（2）磷素梯度：使用缺磷营养液，通过调节 NaH_2PO_4 的添加量，设置磷素的梯度（0、0.05 mmol/L、0.1 mmol/L、0.15 mmol/L、0.2 mmol/L、0.25 mmol/L、0.3 mmol/L）。

（3）取以上营养液 100 mL，加入 250 mL 容量瓶中，接种 1 mL 扩大培养的藻种，放入光照培养箱中（条件同扩大培养）培养。

5. 种群增长曲线的绘制

实验当天起，每天（或每两天）测定各梯度下藻液的吸光度，并根据标准曲线估计小球藻的密度。测定前摇匀藻液，测定后用蒸馏水补充藻液至 100 mL。

6. 溶解氧的动态监测

（1）掌握测氧仪的使用方法，设置数据记录间隔为 10 分钟。

（2）以最大养分供应（氮或磷）的后期藻液（藻密度较大）为对象，通过上述比色法估算小球藻密度。

（3）固定溶解氧探头，确保藻液与空气隔绝（参考方案：用乳胶塞打孔固定探头）。

（4）自动监测和记录溶解氧一昼夜，观察水中溶解氧日间和夜间随时间的变化曲线。

【数据分析】

以培养时间为横坐标、藻密度为纵坐标、养分梯度为分类，绘制并比较各梯度下种群增长曲线。

【作业与思考】

1. 藻类可以进行光合作用，大量增长为什么还会引起水体缺氧？

2. 在小球藻的扩大培养中，为了避免种群崩溃，可采取什么措施？

3. 根据实验条件，连续培养和观察各养分梯度的小球藻，测定种群相对稳定状况下的氮磷含量、pH 等因子。

4. 根据本实验的设备条件，尝试设计测定藻类净光合速率、呼吸速率和总光合速率的方案。

【参考文献】

娄安如，牛翠娟. 基础生态学实验指导［M］. 3 版. 北京：高等教育出版社，2022.

更多数字资源……

◆ 实验彩色图片　　　◆ 程序代码　　　◆ 作业与思考参考答案

实验 13
环境因子对大型溞繁殖策略的影响

【实验目的】

1. 了解大型溞的繁殖模式和繁殖策略。

2. 探讨环境条件对大型溞繁殖模式的影响。

【背景与原理】

繁殖是生物保持种群数量稳定、维持适合度的重要特征，主要包括无性繁殖和有性繁殖。生物在长期进化过程中，形成了不同的繁殖策略，如根据环境条件的变化采取不同的繁殖模式。在均质环境或低密度环境中，这些生物主要采取无性繁殖，而在异质性环境或拥挤环境中，倾向于有性繁殖。

大型溞是既可以进行孤雌生殖、也可以进行两性繁殖的生物，它的繁殖策略会随着环境的改变发生变化。春夏季一般仅能见到雌体，营孤雌生殖，所产的卵称"夏卵"。夏卵较小，卵壳薄，卵黄少，不需受精，可直接发育为成虫。秋季，由夏卵孵化出一部分体小的雄虫，开始进行两性生殖，所产的卵称"冬卵"。冬卵较夏卵大，卵壳较厚，卵黄多。

本实验设置温度、光照周期、食物浓度等环境因子梯度，通过大型溞的生存状况、繁殖数量以及繁殖方式的变化，探讨其在不同环境中采取的生存和繁殖策略。

【教学安排】

本实验中斜生栅藻藻液制备和大型溞培养可在其他实验空闲时间完成，实验处理约需 1.5 h，持续时间约 60 天，每隔一天约需 1 h 采集数据。

【实验用品】

1. 实验器材

培养箱、显微镜、250 mL 烧杯、三角瓶、标签或记号笔等。

2. 实验材料

斜生栅藻（*Scenedesmus obliquus*）、大型溞（*Daphnia magna* Straus）。

3. 试剂

斜生栅藻培养液、蒸馏水。

【操作步骤】

1. 斜生栅藻藻液制备

取适量斜生栅藻培养液放入敞口容器（如三角瓶、烧杯等），接入斜生栅藻种。置于25℃、约100 μmol（m² · s）⁻¹的光强下培养。

2. 培养大型溞

（1）取3个250 mL烧杯，分别加入200 mL蒸馏水和50 mL斜生栅藻藻液。

（2）烧杯中分别放入1只发育正常、怀有夏卵的大型溞（亲代），在25℃、光照比为12L∶12D的培养箱中培养。

（3）当大型溞产生第一代幼蚤后，将亲代大型溞取出，按照上述方法继续培养，产生的第二代幼蚤作为实验材料。

3. 实验处理

（1）温度处理：将培养箱设置7个不同的温度梯度，分别为10℃、15℃、20℃、25℃、30℃、40℃、45℃。每个烧杯中放入10只大型溞，加入100 mL培养液（90 mL蒸馏水 + 10 mL斜生栅藻藻液），培养箱培养（L/D：8/16 h）。每12 h给每个烧杯添加蒸馏水至100 mL，每隔一天更换培养液（防止大型溞蜕皮对实验结果产生影响）。3个重复。

（2）光照处理（L/D）：设置4个光照梯度，分别为6/18 h、8/16 h、10/14 h、12/12 h。每个烧杯中放入10只大型溞，加入100 mL培养液（90 mL蒸馏水 + 10 mL斜生栅藻藻液），15℃培养箱培养。每12 h给每个烧杯添加蒸馏水至100 mL，每隔一天更换培养液。3个重复。

（3）食物处理：设置3个食物浓度，分别为1 mL/100 mL、10 mL/100 mL、50 mL/100 mL。每个烧杯中放入10只大型溞，分别加1 mL、10 mL、50 mL斜生栅藻藻液，加蒸馏水至100 mL，15℃的培养箱中培养（L/D：8/16 h）。每12 h给每个烧杯添加蒸馏水至100 mL，每隔一天更换培养液。3个重复。

各处理的大型溞建议连续培养60 ~ 70天。

4. 数据采集与计算

（1）亲代寿命：每隔一天记录亲代大型溞的数量、蜕皮数量、存活数量、计算存活率和寿命。寿命用天数（d）表示。

（2）孤雌生殖：每隔一天记录大型溞的夏卵数量、产生的新个体。计算孤雌生殖的平均生殖量。

（3）两性繁殖：每隔一天记录大型溞产生的冬卵数量。

（4）两种繁殖方式变化：分别记录大型溞初次孤雌生殖和两性繁殖的怀卵时间、每种处理下两种繁殖方式的怀卵个体数目以及产生的后代数量，比较其培养时间内平均生殖量的大小。用S/P（两性繁殖产生的休眠卵数 / 孤雌生殖的生殖量）表示对两种繁殖方式的选择。

【数据分析】

1. 根据实验结果分别分析不同温度对大型溞生存寿命、存活率的影响；分析不同温度对孤雌生殖、两性生殖的影响，由此判断温度对大型溞繁殖模式的影响（S/P的变化）。

2. 分别分析不同光照对大型溞生存寿命、存活率的影响；分析不同光照对孤雌生殖、两性生殖的影响，由此判断光照对大型溞繁殖模式的影响（S/P 的变化）。

3. 分别分析不同食物浓度对大型溞生存寿命、存活率的影响；分析不同食物浓度对孤雌生殖、两性生殖的影响，由此判断食物浓度对大型溞繁殖模式的影响（S/P 的变化）。

【注意事项】

可根据实验条件差异选择不同的实验处理。

【作业与思考】

1. 大型溞最佳的生存温度、食物浓度、光照时间分别是什么？

2. 大型溞在什么环境条件下进行孤雌生殖？在什么环境条件下进行两性繁殖？

3. 除了本实验涉及的因素外，还有什么环境条件会影响大型溞繁殖模式的变化？

【参考文献】

孟美如 . 氮、磷及其配比对两种枝角类种群动态和两性生殖的影响［D］. 安徽 : 淮北师范大学，2013.

更多数字资源……

◆ 实验彩色图片　　　◆ 程序代码　　　◆ 作业与思考参考答案

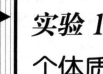

实验 14
个体质量与种群密度的关系

【实验目的】

1. 熟悉、掌握植物水培方法。
2. 了解自疏法则和最后恒定产量法则。
3. 探讨密度与种群增长的关系。

【背景与原理】

植物的生长受到环境因子的制约。植物为了适应外界环境压力，会在生长速率、繁殖时间以及繁殖效率等方面发生一系列的改变，主要体现在个体高度、冠幅、直径、分枝分蘖、开花、结果等性状的差异以及各物候期的改变。

当外界其他影响一致时，植物性状的改变主要来自种群内部其他个体的压力，即种内竞争，此时种群密度成了植物生长状态发生变化的主要原因。探讨不同密度对植物种群生长的影响，有助于我们了解种群的生长状态、种群数量的改变，从而把握种群变化规律，保护和利用不同的生物资源。

当种群密度较小时，个体之间相互影响较弱，一般可忽略竞争的作用。此时，每个个体能够获取足够的资源进行生存与繁殖，完成生活史。当种群密度增大到一定程度时，个体之间相互作用增强，开始竞争有限的资源。此时，为了获得更多的资源而不被竞争排除，个体的性状（如高度、直径等）发生变化。随着种群密度继续增大，植物个体间竞争压力也持续加剧，当个体性状改变也无法保证生存时，竞争优势个体开始排除劣势个体，发生自疏（self-thinning）。死亡个体腾出更多的资源空间，优势个体生长得到进一步加强，种群的最后产量保持相对稳定，此为最后恒定产量法则。

本实验通过盆栽方式，设置不同的密度处理，根据不同处理条件下的植物个体性状、产量的变化，定性观察和定量分析植物种群在不同密度下的增长过程。

【教学安排】

本实验培养前准备约需 2 h，持续 2 个月，期间浇水或更换营养液，最后数据采集约 2 h。

【实验用品】

1. 实验器材

带盖小桶（1 L）、方桶、开孔工具、量筒、卷尺、剪刀、信封、标签、记号笔、干燥箱、天平等。

2. 植物材料

水稻。

3. 培养基质

水稻营养液成品或根据表 14–1 配制。

【操作步骤】

1. 准备实验

（1）催芽育苗。用石英砂在瓷托盘上提前对实验材料进行育苗、催芽。

（2）按照表 14–1 配制水稻营养液，调整 pH = 5.5 ~ 6.0。

表 14–1　水稻营养液（Kimura B）配方

试剂	浓度 / （μmol · L^{-1}）	试剂	浓度 / （μmol · L^{-1}）	试剂	浓度 / （μmol · L^{-1}）
$(NH_4)_2SO_4$	0.37	$C_{10}H_{14}N_2Na_2O_8 · 2H_2O$	20	$ZnSO_4 · 7H_2O$	0.15
$MgSO_4 · 7H_2O$	0.55	$FeCl_2 · 4H_2O$	20	$CuSO_4 · 5H_2O$	0.16
KNO_3	0.18	$MnCl_2 · 4H_2O$	6.70	H_3BO_3	9.40
$Ca(NO_3)_2 · 4H_2O$	0.37	$Na_2MoO_4 · 2H_2O$	0.105	$Na_2SiO_3 · 9H_2O$	0.70
KH_2PO_4	0.21				

注：pH = 5.5 ~ 6.0，可用 0.1 mol/L 的 NaOH 和 0.1 mol/L 的 HCL 调节。

（3）清洗小桶并打孔。根据不同处理中水稻苗的数量决定桶盖的打孔数量，保持一孔一苗的原则。

2. 移苗

水稻生长至 1 叶 1 心（建议 3 叶 1 心）时，移苗处理。取 15 个小桶，桶内加入 600 mL 沙土、300 mL 水。每个小桶分别种植 1、2、4、6、8 株水稻，编号，每个处理重复 3 次。

3. 观察及维护

（1）前一个月每 2 周更换营养液，其后每 1 周更换营养液。

（2）观察并记录材料物候（如分蘖、开花等时间）以及死亡情况。

4. 数据采集

（1）实验最后一周，统计每株分蘖数、株高、直径、根长等性状指标。

（2）统计不同密度处理下的植株死亡数目。

（3）采集地上生物量（鲜重），装入信封烘干称量，获得干重生物量。

【数据分析】

1. 比较分析不同密度处理生物量、分蘖数、个体株高、个体直径、死亡个体的差异。

2. 按公式 $\overline{M} = KN^r$ 求 r 值，其中 $\overline{M}$ 为平均个体质量，N 为密度，K 为常数。讨论个体平均质量与密度的关系。

3. 按公式 $M = KN^a$ 求 a 值，其中，M 为总生物量，N 为密度，K 为常数。讨论总生物量与密度的关系。

【注意事项】

1. 移苗时尽量避免损伤植株，小桶内植株尽可能分布均匀。

2. 水稻营养液 pH 必须为 5.5 ~ 6.0。

【作业与思考】

1. 指数 r 在什么情况下等于 −3/2?

2. 作物栽培的密度与产量之间的关系？

【参考文献】

王刚，蒋文兰.人工草地种群生态学研究［M］.兰州：甘肃科学技术出版社，1998.

更多数字资源……

◆ 实验彩色图片　　　◆ 程序代码　　　◆ 作业与思考参考答案

实验 15
种群间相互作用：植物竞争与补偿

【实验目的】

1. 熟悉植物栽培基本方法。

2. 了解种间关系的判定方法。

3. 探讨不同种间关系形成的原因。

【背景与原理】

在长期的进化过程中，不同种群间形成不同的关系，称为种群间相互作用（population interactions）。各种生物相互作用，并通过与环境之间的能量流动和物质循环共同形成了自然界不同的生态系统。因此，了解不同物种之间的相互作用对于探知群落构建的过程以及生物多样性的维持机制非常重要。

物种间相互作用主要表现为竞争或补偿。竞争是负相互作用的一种类型，指物种之间利用相同资源而发生的相互抑制作用；补偿是正相互作用，一般指物种之间可以相互合作、相互促进，共同提高各自生长、繁殖的效率。

自然界中的种间关系难以直接判定，需通过实验手段明确。本实验通过比较两个物种的混播与单种之间生物量的差异，判定它们之间的相互关系，计算及判定方法如下：

$$RY_i = O_i/M_i$$
$$RYT = \sum RY_i$$
$$E_i = p_i M_i$$
$$D = \sum E_i$$

其中，RY_i 为物种 i 在混种时的相对产量；O_i 为物种 i 在混种时的产量；M_i 为物种 i 在单独种植时的产量；RYT 为混种时的所有物种相对产量总和；E_i 为物种 i 在单独种植时的期望产量；p_i 为物种 i 在混种时的比例；D 为混合种植时的群落期望产量。

假设群落的实际产量为 Y，则判定物种间相互关系的标准如下：

$RYT < 1$，$Y < D$，物种之间存在负相关，有竞争；

$RYT = 1$，$Y = D$，物种间没有关系；

$RYT > 1$，$Y > D$，物种之间存在正相关，有补偿。

【教学安排】

本实验培养前准备约需 2 h，持续 2 个月，期间浇水或更换营养液，最后数据采集约 2 h。

【实验用品】

1. 实验器材

带盖小桶（1 L）、开孔工具、量筒、卷尺、剪刀、信封、标签、记号笔、干燥箱、天平等。

2. 植物材料

水稻和稗草；绿豆和玉米。

3. 培养基质

霍格兰营养液、沙土、营养土。

【操作步骤】

1. 准备实验

（1）催芽育苗。用石英砂在瓷托盘上提前对实验材料进行育苗、催芽。

（2）配制霍格兰营养液母液（100 倍标准浓度）。用时稀释至 1/2 浓度，调整 pH 至 5.5 ~ 6.0。

（3）清洗小桶并打孔。根据实验处理决定桶盖的打孔数量。

2. 移苗。水稻和稗草生长至 1 叶 1 心（建议 3 叶 1 心）时，可移苗处理。按以下比例移苗至培养桶，写明处理和重复编号。

（1）取 15 个小桶，桶内加入 600 mL 沙土、300 mL 水。每个小桶种植 4 株植物，稗草和水稻比例分别按 0∶4、1∶3、2∶2、3∶1、4∶0 处理，共计 5 个处理，每个处理重复 3 次。注意：移苗时尽量避免损伤植株，小桶内植株尽可能分布均匀。

（2）另取 15 个小桶，桶内加入 900 mL 营养土。每个小桶种植玉米 1 株，绿豆株数分别为 0、1、2、3、4，共计 5 个处理，每个处理重复 3 次。注意：移苗时尽量避免损伤根系和植株，移苗后避免紧压营养土。

3. 观察及维护

（1）前一个月每 2 周更换营养液，其后每 1 周更换营养液。

（2）如遇鼠害等意外事件，及时补苗并记录。

（3）观察并记录材料物候情况（如分蘖、花期等）。

4. 数据采集

（1）实验最后一周，统计每株分蘖数、株高等。

（2）分物种采集每桶的地上生物量，装入信封烘干称量，获得生物量干重（Y_i）。

【数据分析】

1. 计算 RYT、Y、D 等指标，判断水稻和稗草、玉米和绿豆之间的相互关系。

2. 分析两组实验中各物种的性状变化。

【注意事项】

1. 避免稗草的扩散。

2. 母液使用蒸馏水配制，稀释液可用晾晒自来水配制。

【作业与思考】

1. 稗草为什么会成为害草？

2. 在物种不变的情况下，种间关系会发生变化吗？

【参考文献】

1. 孙儒泳，王德华，牛翠娟，等 . 动物生态学原理［M］. 4 版 . 北京：北京师范大学出版社，2019.

2. Hector A. The Effect of Diversity on Productivity：Detecting the Role of Species Complementarity［J］. Oikos，1998，82（3）：597−599.

3. Loreau M. Separating Sampling and Other Effects in Biodiversity Experiments［J］. Oikos，1998，82（3）：600−602.

更多数字资源……

◆ 实验彩色图片　　　◆ 程序代码　　　◆ 作业与思考参考答案

实验 16
土壤温湿度时空变化与植物分布的关系

【实验目的】

1. 了解环境对植物分布的影响。

2. 了解植物对环境微气候的影响。

【背景与原理】

生物与环境是相互作用的，一方面，所有生物都生存在一定的环境中，其分布受环境的制约。生境的改变，在超过生物可以承受的适应范围时，会对生物造成环境胁迫。另一方面，生物又是环境的创造者和改造者。绿色植物的光合和微生物的分解等过程影响了自然界物质循环，改变了大气成分、水的流动、地貌特征等。

影响植物分布的主要生态因子是水分和光照。由于接收的太阳辐射能量、主风向等差异，不同坡向的温度、蒸发量、土壤水分等条件变化较大。通常情况下，我国同一地区的南坡地表气温及土温较北坡高，气温日变化大，空气对流强烈，水分蒸散量大，因此南坡的土壤水分往往要小于北坡。随着坡向的变化，分布的植物类型也发生变化，在水分为主要限制因子的地区尤为明显。

植物群落在适应环境的同时，对环境也有调节作用。植物群落吸收和反射部分太阳辐射，减弱了地表的吸收，降低了地表温度；植物群落在大气与地表间形成缓冲带，减弱了地表与大气的对流强度与红外辐射，改善了微环境的水热条件。

【教学安排】

本实验约需 4 h，记录时间可延长。

【实验用品】

土壤温湿度记录仪、计算机、指北针、坡度计、GPS、样方框、记录表。

【操作步骤】

本例中土壤温湿度记录仪的选用型号为 EM50（美国 Meter），实际操作中可选用其他型号的记录仪，或采用人工记录土壤温湿度计读数的方式。实验尽量在晴天开展，记录时间跨度至少包含一天中的早上、中午和下午。梯度数量根据分组情况确定。

一、土壤温湿度及物种分布沿坡向变化

1. 室内学习土壤温湿度记录仪的使用方法，连接记录仪、传感器以及计算机。设置传感器型号、采集间隔（如 10 min）及地点信息，确保各通道传感器数值正常。

2. 在校园内或周边具有坡向梯度的地点，选择不同坡向的样点，尽量保持坡度一致。分别使用 GPS、坡度计以及指北针等工具记录各样点的经纬度、海拔、坡度以及坡向。

3. 在各样点将土壤温湿度传感器垂直插入 0~5 cm 的表层土壤中，连接并打开温湿度记录仪，确保设备正常工作。

4. 每个样点设置 3 个样方（如草地建议样方大小 0.5 m×0.5 m），完成物种数、个体数、盖度以及植株高度的调查。

5. 完成不同坡向温湿度的连续记录（时间间隔建议 10 min），整理好设备，将数据输入或导入计算机。

6. 以时间为横坐标，温湿度为纵坐标，坡向为分类依据，绘制温湿度变化曲线。以坡向为横坐标，物种数或功能性状为纵坐标，描述物种分布特征。

7. 分析沿坡向梯度的土壤温湿度、物种分布变化规律，讨论环境因子对植物分布的影响。

二、人工植被对土壤温湿度的影响

1. 室内学习土壤温湿度记录仪的使用方法，连接记录仪、传感器以及计算机。设置传感器型号、采集间隔（如 10 min）及地点信息，确保各通道传感器数值正常。

2. 在校园内或周边寻找成片、郁闭度高的人工林，从林外、林缘往林地中心编号，根据树林大小设置间隔距离和样点数。

3. 在各样点将土壤温湿度传感器垂直插入 0~5 cm 的表层土壤中，连接并打开温湿度记录仪，确保设备正常工作。

4. 完成不同生境温湿度的连续记录，整理好设备，并将数据输入或导入计算机。

5. 以时间为横坐标，温湿度为纵坐标，样地编号为分类依据，绘制温湿度变化曲线。

6. 分析土壤温湿度沿林地中心距离的变化规律及波动幅度，讨论在不同尺度下植物对环境的影响。

【作业与思考】

1. 南方地区的阳坡植被普遍比阴坡好，而西北地区通常相反，为什么？

2. 结合校园所处的地理区域的水分特征，分析造林应考虑的因素。

更多数字资源……

◆ 实验彩色图片　　　◆ 程序代码　　　◆ 作业与思考参考答案

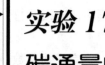

实验 17
碳通量的闭路法测定

【实验目的】

1. 了解闭路法测定气体通量的原理及计算方法。
2. 探讨水分对土壤呼吸的影响。
3. 掌握群体光合作用和呼吸作用的测定方法。

【原理与原理】

二氧化碳作为光合作用的主要反应物和有氧呼吸的主要产物，其浓度直接影响动植物以及微生物的生理代谢过程，如光合作用、呼吸作用、有机物分解等。环境中二氧化碳浓度过高会引起温室效应、水体酸化，还可能危害人类的健康。例如，在密闭的室内环境中，二氧化碳体积分数达到 1% 时，人会感到气闷、头晕、心悸；4%~5% 时可能感到眩晕；6% 以上时可能导致神志不清、呼吸停止。随着科学技术的不断发展和人们对环境保护的日益重视，对二氧化碳气体进行定量监测已经成为新的需求。

二氧化碳的手动测定方法主要包括碱吸收滴定法、体积测量法和检气管法等，手动测定方法往往耗时耗力。二氧化碳传感器将二氧化碳浓度转化为电信号，可实现智能化和自动化测量。红外辐射经过待测气体后，光谱强度会发生变化，符合朗伯比尔定律（Lambert–Beer law）。基于该原理测定气体浓度的技术即为非分散性红外技术（non-dispersive infrared，NDIR）或红外线气体分析技术（infrared gas analysis，IRGA）。二氧化碳在 4 200~4 320 nm 下存在吸收峰，而水汽在 3 000 nm 以下以及 4 500~8 000 nm 下具有较强的吸收，因此高浓度的水汽会对二氧化碳测定结果造成干扰。

温度、压强恒定的封闭系统中，所有空气符合理想气体状态方程（ideal gas law）：

$$pV = nRT$$

式中，p 为压强（Pa），V 为气体体积（m^3），T 为温度（K），n 为体系中气体的物质的量（mol），R 为摩尔气体常数 [J/（mol·K），8.314]。得出：

$$n = pV/RT$$

连续测量体系中的二氧化碳浓度，对二氧化碳和时间作图，求出二氧化碳变化斜率 k，则整个体系的二氧化碳通量 Flux 为（单位：μmol/s）：

$$Flux = k \times n = k \times (pV) / (RT)$$

通量还可用被测样品单位质量（*Flux*/ms）、单位体积（Flux/Vs）、单位表面积（*Flux*/Ss）等形式来表示。

【教学安排】

本实验约需 4 h。

【实验用品】

1. 实验器材

自制同化箱（见实验 28）、温度计、补光灯（12 W，10 红 2 蓝）、扫描仪，培养皿（ϕ 100 mm）。

2. 实验材料

风干土、香蕉、盆栽蒲公英。

【操作步骤】

1. 通量计算相关参数的测量

（1）温度（T）：用温度计（温度探头）测量同化箱温度，产热低的同化箱系统则以环境温度代替，折算成绝对温度（K）。本实验参考温度为 298 K。

（2）大气压（p）：LI–850 带气压探头。如仪器未带气压模块，则用气压计或通过海拔反推气压值（Pa）。本实验参考大气压 82 580 Pa。

（3）体积（V）：$V = V_a + V_b + V_c - V_s$。其中，$V_a$ 为分析器体积，参考说明书获取；V_b：同化箱体积，通过内径、高度计算，或通过盛水量获得；V_c：管路体积，根据管路内径及总长度计算；V_s：受测物体体积，通过估算或测量获取。

2. 水分添加对土壤碳通量的影响

（1）准备材料：提前采集土壤样品，阴凉通风处风干，研磨过 80 目筛（如有机质含量高，则可减小目数）。

（2）称量：取 8 个培养皿，每个培养皿称取 20 g 风干土样。

（3）加水：制备 0、5%、10%、15%、20%、30%、40%、50% 含水量梯度的土壤样品（分别添加蒸馏水 0、1 mL、2 mL、3 mL、4 mL、6 mL、8 mL、10 mL），混匀、加盖后在培养间放置 12 h 以上。

（4）测量：打开待测土样的培养皿盖（含水量为 0），将土样放入同化箱测量。本例数据记录频率为每秒 1 次，设置保存参数、文件名及路径，开始记录数据。

（5）完成记录：观察软件界面的二氧化碳曲线，斜率稳定后停止记录（参考测量时长 2 ~ 5 min）。

（6）计算二氧化碳变化斜率：以 Excel 为例，打开数据文件并分列显示。挑选变化速率相对稳定时间段（如 70 ~ 150 s）的二氧化碳数据，作图并计算斜率 k。

（7）计算通量：通过算式"$Flux = k \times n = k \times (pV) / (RT)$"计算体系中的土壤碳通量，并折算为单位质量的土壤碳通量。

（8）重复上述步骤（2）至（7），完成不同水分处理的土壤碳通量测量。

说明：本节被测物体体积（V_s，含培养皿）统一估算为 25 mL。

3. 切块处理对水果碳通量的影响

（1）准备材料：提前 12 h 将香蕉置于培养间。

（2）称量：取 3 根香蕉，编号、称量并测量体积（参考排水法：500 mL 量筒放入香蕉前后的体积变化值）。

（3）处理：分别测量同一根香蕉切块前后的碳通量（先测量整根香蕉的碳通量，然后测定香蕉切块后的碳通量）。

（4）测量：将香蕉放入同化箱测量，本例数据记录频率为每秒 1 次，设置保存参数、文件名及路径，开始记录数据。

（5）完成记录：观察软件界面的二氧化碳曲线，斜率稳定后停止记录（参考测量时长 2 ~ 5 min）。

（6）计算二氧化碳变化斜率：以 Excel 为例，打开数据文件并分列显示。挑选变化速率相对稳定时间段（如 70 ~ 150 s）的二氧化碳数据，作图并计算斜率 k。

（7）计算通量：通过算式"$Flux = k \times n = k \times (pV)/(RT)$"计算体系中的碳通量，并折算为单位质量香蕉的碳通量。

（8）重复上述步骤（3）至（7）的内容，完成同一香蕉切块（如 4 块）后的通量测定。

（9）重复上述步骤（4）至（8）的内容，完成其他 2 根香蕉的碳通量测量。

4. 光照对植物碳通量的影响

（1）准备材料：提前用半水培（细沙 + 营养液）种植蒲公英，实验前置于培养间 12 h；

（2）编号：取 3 株植物，将沙土冲洗干净，编号，尽量保持自然状态平整放入盛有 20 mL 蒸馏水的培养皿中，估算被测样品体积 V_s；

（3）测量：将带有植物的培养皿放入同化箱测量，本例数据记录频率为每秒 1 次，设置保存参数、文件名及路径，开始记录数据；

（4）完成记录：用黑布盖上同化箱，观察软件界面的二氧化碳曲线，斜率稳定后揭开黑布，将红蓝光源置于同化箱上方约 10 cm 处补光，继续观测曲线，斜率稳定后停止记录；

（5）计算斜率：以 Excel 为例，打开数据文件并分列显示。分别截选遮光和补光期间变化速率相对稳定的二氧化碳数据，作图并计算斜率 k1 和 k2；

（6）计算通量：通过算式"$Flux = k \times n = k \times (pV)/(RT)$"分别计算体系中遮光和补光的碳通量，分别代表植物的净呼吸和净光合，两者绝对值之和即为总光合；

（7）重复上述步骤（4）至（6）的内容，完成另外 2 株蒲公英的碳通量测量；

（8）剪下所有叶片，平铺至扫描仪面板上，以 300 dpi 扫描，用 Image J 软件计算叶面积 S；合并整株植物，烘干称量得植株质量 m；

（9）呼吸速率以整株单位质量表示，光合速率以叶片单位面积表示。

【作业与思考】

1. 探讨水分对碳通量的影响规律。

2. 比较香蕉切块前后碳通量的变化，讨论引起变化的可能因素。

更多数字资源……

◆ 实验彩色图片　　◆ 程序代码　　◆ 作业与思考参考答案

第三部分 ◀

模拟实验

实验18
基于标记重捕的种群数量统计

【实验目的】

掌握在 NetLogo 软件中实现标记重捕法、重复标记重捕法、去除取样法的模拟。

【背景与原理】

见"实验4 动物种群数量统计"。

【教学安排】

本实验建议时长 2~3 h。

【实验用品】

计算机、NetLogo 软件。

【操作步骤】

如果读者未接触过 NetLogo 软件，请先阅读"实验27 基于个体的生态学模型和 NetLogo 软件简介"。

一、标记重捕法

1. 打开 NetLogo 软件，点击"文件"-"保存"，保存为"标记重捕法 .nlogo"的文件。

2. 点击"界面"标签页，添加"按钮"控件，命令为"setup"，显示名称为"初始化"。

3. 添加"滑块"控件，全局变量名为 N0，范围可按需自行设定，此处设置最小值为 0，最大值为 1 000，增量为 10。

4. 添加"按钮"控件，命令为"mark"，显示名称为"标记"。

5. 添加"滑块"控件，全局变量名为"M0"，最小值为 0，最大值为 N0，增量为 1。

6. 添加"按钮"控件，命令为"go"，显示名称为"混匀"，设置为持续执行按钮。

7. 添加"按钮"控件，命令为"recapture"，显示名称为"重捕"。

8. 添加"滑块"控件，全局变量名为"n"，最小值为 0，最大值为 N0，增量为 1。

9. 添加"滑块"控件，全局变量名为"#_Repeat"，用于指定重捕次数，范围和增量可以按需给定，此处最小值设置为 0，最大值设置为 50，增量为 1。添加完控件的界面如图 18-1。

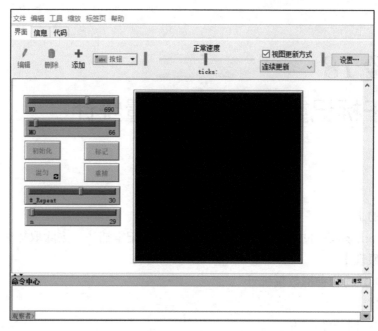

扫描二维码
浏览彩图

图 18-1 完成步骤 1-7 的界面实例

10. 点击"代码",切换至"代码"标签页,在首行定义全局变量(参见实验末尾【代码】–标记重捕法中的 L1,下同)

11. 定义 setup 例程,创建 N0 个 turtles,随机分布在世界中,形状为蝴蝶,颜色为红色(L2–L9)。

12. 定义"mark"例程,标记 M0 个个体为绿色(L11–L13)。

13. 定义"go"例程(L15–L18),其中调用"move-turtles"例程(L20–L24),完成个体在世界上的随机移动。

14. "代码"标签页实现"recapture"例程(L26–L36)。

提示:列表是 NetLogo 软件中重要的数据结构,可对其任何位置进行添加、删除、访问元素等操作。一般通过下标来获取其中的元素,具体可参阅 NetLogo 帮助文档。例程 recapture 中"set m_list [ ]"将 m_list 变量定义为列表,而且初始时列表为空。通过"insert-item"原语对列表添加元素,其语法格式为"insert-item 添加位置 列表 将要添加的元素"。"length"原语统计列表的长度,因此代码"insert-item(length m_list)m_list m"将 m 的值添加到 m_list 列表的最末尾。while 为循环语句,其格式为"while 条件[语句]"表示如果条件满足,则执行语句。if 为条件判断,其格式为"if 条件[语句]"表示如果条件满足则执行语句。此例程的最后一行完成了种群数量的计算,并存入变量 NN 中。注意数学运算符和逻辑运算符与被操作数字之间的空格不可缺少。

15. 点击"界面",在"界面"标签页添加两个监视器:①监视器的显示名称为"重捕标记数",报告器为"mean m_list",显示多次重捕后标记数的平均值;②监视器的显示名称为"种群大小",报告器为"int NN",显示最终估算的种群大小(取整)。

将视图更新方式改为"按时间步更新"。

16. 标记重捕操作过程。

（1）设定实际的种群大小 N0，点击"初始化"按钮，所有蝴蝶为红色。

（2）设定标记个数 M0，点击"标记"按钮，标记 M0 个个体，颜色变为绿色。

（3）点击"混匀"按钮，使所有个体充分混合后再次点击该按钮使其停止。

（4）设定重捕的次数 #_Repeat 和每次重捕数 n，再点击"重捕"按钮，计算出种群大小（图 18-2）。

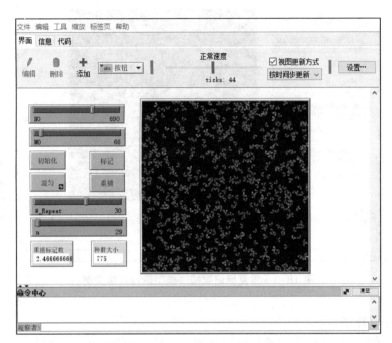

扫描二维码
浏览彩图

图 18-2　标记重捕法模型运行效果

二、重复标记重捕法

"重复标记重捕法"模型是在"标记重捕法"模型的基础上进行修订。

1. 打开"标记重捕法 .nlogo"模型，点击"文件"-"另存为"，将其保存为"重复标记重捕法 .nlogo"。

2. "界面"标签页中添加"滑块"控件，全局变量为"#_dynamics"，最小值为 0，最大值为 1 000，增量为 1，设定个体混合时间。

3. 点击"代码"，切换至"代码"标签页，首先声明模型所需的全局变量（参见实验末尾【代码】- 重复标记重捕法中的 L1–L9，下同）。

4. 保留"代码"标签页中的"setup""mark""go"和"move-turtle"例程（L11–L33）。

5. "重复标记重捕法"与"标记重捕法"的不同点在于"recapture"例程，标记每次重捕的未标记个体，统计每次捕获的个体总数、新标记个体数、总的标记数。"代码"

标签页修订"recapture"例程（L35–L60）。

6. 设置重捕过程中个体的混合时间"#_dynamics"，并按"标记重捕法"第 16 步中的步骤运行"重复标记重捕法"（图 18-3）。

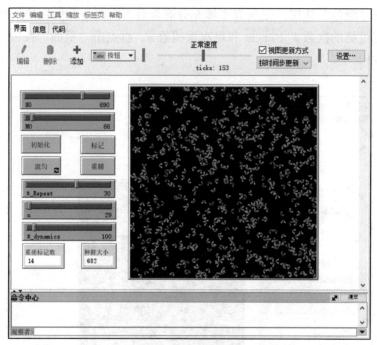

扫描二维码
浏览彩图

图 18-3　重复标记重捕法模型运行效果实例

三、去除取样法

"去除取样法"模型将在"重复标记重捕法"模型的基础上进行修订。

1. 打开"重复标记重捕法 .nlogo"模型，保留"界面"标签页中的按钮"初始化"以及滑块"N0""n""#_Repeat""#_dynamics"，保留"代码"标签页中的 setup 和 move–turtles 例程，删除其余控件和代码。

2. "界面"标签页添加"按钮"控件，命令为"removal_sampling"，显示名称为"去除取样"（图 18-4）。

3. 点击"代码"，切换至"代码"标签页，声明本模型所需变量（见实验末尾【代码】– 去除取样法中的 L1–L6，下同）。

4. "代码"标签页定义"removal_sampling"例程（L23–L47），实现去除取样，并将每次取样中的未标记个体数和累计未标记个体数保存至文件。

5. 设定各参数，点击"初始化"按钮，再点击"去除取样"按钮运行程序（图 18-5）。工作目录中将生成名为"sampling.txt"的文件，其中第一列是每次取样的未标记个体数，第二列是累计未标记个体数。将此数据拷贝到统计软件（如 excel、origin、sigmaplot、R 等）进行拟合（如图 18-6）。

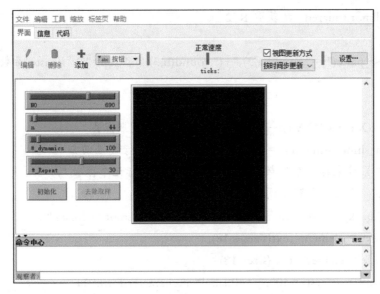

扫描二维码
浏览彩图

图 18-4　"去除取样法"界面实例

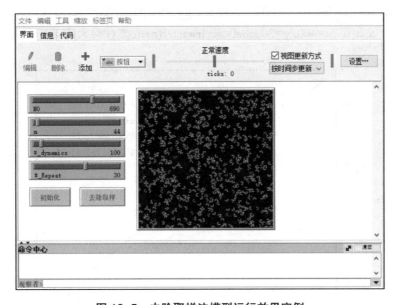

扫描二维码
浏览彩图

图 18-5　去除取样法模型运行效果实例

以 R 语言为例，绘图和统计代码如下（代码电子文件见数字课程）：

1. library("ggplot2") ＃请提前安装"ggplot2"包，载入此包
2. XY<－read.table("E：/sampling.txt") ＃读文件
3.
4. dlm<－summary(lm(XY$V1 ~ XY$V2)) ＃调用 lm() 函数进行线性拟合
5. a<－dlm$coefficients［1,1］＃获取拟合得到的截距
6. b<－dlm$coefficients［2,1］＃获取拟合得到的线性系数
7. p<－dlm$coefficients［2,4］＃获取 p 值

8. r2<-dlm$r.squared   # 获取 R^2

9.

10. form<-paste("y=",round(a,3),"+(",round(b,3),")x",sep="")   #paste 函数将以上参数拼接成公式

11.

12. ggplot(XY,aes(V2,V1))+geom_point()+   # 绘制散点图

13. geom_smooth(method = lm,se=FALSE)+   # 进行线性回归

14. xlab(" 累计未标记个体数 ")+ylab(" 每次取样未标记个体数 ")+   #x 和 y 轴标题

15. theme(# 设置主题使图形更美观

16. panel.background = element_rect(fill = "white",color = "black"),

17. axis.text = element_text(size = 18),

18. axis.title = element_text(size=18)

19.) +geom_text(aes(x=400, y=40,label=as.character(form)))+

20. geom_text(aes(x=400, y=37,label=as.character(paste("r^2=",round(r2,3),sep = ""))))+

21. geom_text(aes(x=400, y=34,label=as.character(paste("p=",p,sep = ""))))+

22. geom_text(aes(x=400, y=30,label=as.character(paste(" 种群大小为： ",-(a/b)))))

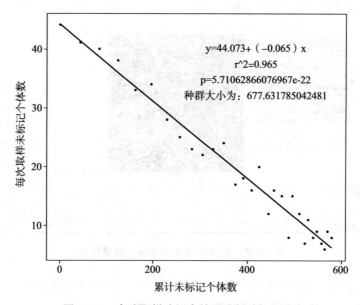

图18-6 去除取样法拟合结果实例（R语言）

【作业与思考】

修改以上模型中的参数，比较不同方法的结果。

【代码】（电子文件见数字课程）

附 NetLogo 完整代码

（一）标记重捕法

```
1.  globals [m_list NN i  m ]
2.  to setup
3.    clear-all
4.    create-turtles N0[ ; 创建 N0 个蝴蝶初始时随机分布在世界中, 颜色为红色
5.      setxy random-xcor random-ycor
6.      set shape "butterfly"
7.      set color red]
8.    reset-ticks
9.  end
10.
11.  to mark ; 随机选择 M0 个个体, 标记为绿色
12.   ask n-of M0 turtles [set color green]
13.  end
14.
15.  to go  ; go 例程中调用 move-turtles 例程
16.     move-turtles
17.     tick
18.  end
19.
20.  to move-turtles ; 每个个体随机选择一个方向移动一步
21.     ask turtles[
22.      right random 360
23.      forward 1]
24.  end
25.
26.  to recapture ; 重捕例程
27.    set m_list [] ; 将存放每次重捕后的标记数
28.    set i 1
29.    while [i <= #_Repeat][ ;Repeat 是总的重捕次数
30.     set m 0
31.     ask n-of n turtles[ ; 重捕后统计其中的标记数
32.      if ([color] of self) = green[set m m + 1]]
33.     set m_list insert-item (length m_list) m_list m ; 将每次重捕后得到的标记数存入
        m_list 的最末尾
```

34.　　set i i + 1]

35.　set NN ((M0 * n) / (mean m_list))；计算种群大小

36.　end

（二）重复标记重捕法

1. globals [

2.　m_list

3.　NN

4.　i

5.　m

6.　M0_list

7.　nume

8.　deno

9.　time]

10.

11.　to setup

12.　clear-all

13.　create-turtles N0[；创建 N0 个蝴蝶，初始时随机分布在世界中，颜色为红色

14.　　setxy random-xcor random-ycor

15.　　set shape "butterfly"

16.　　set color red]

17.　reset-ticks

18.　end

19.

20.　to mark；随机选择 M0 个个体，将其标记为绿色

21.　ask n-of M0 turtles [set color green]

22.　end

23.

24.　to go；go 例程中调用 move-turtles 例程

25.　move-turtles

26.　tick

27.　end

28.

29.　to move-turtles；每个个体随机选择一个方向移动一步

30.　ask turtles[

31.　　right random 360

32.　　forward 1]

33.　end

34.

35.　to recapture ; 重捕例程

36.　　set m_list [] ; 将存放每次重捕后的标记数

37.　　set M0_list [] ; 将存放每次重捕后重新标记的个体数

38.　　set M0_list insert−item (length M0_list) M0_list M0 ; 存入第一次标记的个体数

39.　　set i 1

40.　　while [i <= #_Repeat][;#_Repeat 为总的重捕次数

41.　　　set m 0

42.　　　ask n−of n turtles[; 重捕后统计其中的标记数

43.　　　　if ([color] of self) = green[set m m + 1]]

44.　　　set m_list insert−item (length m_list) m_list m ; 将每次重捕后得到的标记数存入 m_list 的最末尾

45.　　　set M0_list insert−item (length M0_list) M0_list ((last M0_list) + (n − m)) ; 计算重捕后的标记数

46.　　　ask n−of (n − m) turtles with [color = red] [set color green]; 重捕后进行再次标记

47.　　　set i i + 1

48.　　　set time 0

49.　　　while [time < #_dynamics][; 每次标记完 , 所有个体随机移动使其充分混合

50.　　　　move−turtles ; 调用该例程 , 完成移动

51.　　　　set time time + 1]] ; 重复次数加一

52.　　set i 0

53.　　set nume 0

54.　　set deno 0

55.　　while [i < #_Repeat][; 计算种群大小

56.　　　set nume (nume + (item i M0_list) * n)

57.　　　set deno (deno + (item i m_list))

58.　　　set i i + 1]

59.　　set NN (nume / deno) ; 计算种群大小

60.　end

（三）去除取样法

1. globals [

2.　X_list

3.　i

4.　m

5.　Y_list

6.　time]

7.

```
8.  to setup
9.    clear—all
10.    create—turtles N0[ ;创建 N0 个蝴蝶，初始时随机分布在世界中，颜色为红色
11.      setxy random—xcor random—ycor
12.      set shape "butterfly"
13.      set color red]
14.    reset—ticks
15. end
16.
17. to move—turtles ;每个个体随机选择一个方向移动一步
18.    ask turtles[
19.        right random 360
20.        forward 1]
21. end
22.
23. to removal_sampling ;去除取样例程
24.    set X_list [] ;将存放累计未标记数
25.    set Y_list [] ;将存放每次取样的未标记数
26.    file—open "sampling.txt" ;外部文件，存放取样的结果
27.    set i 1
28.    while [i <= #_Repeat][ ;Repeat 是总的重捕次数
29.      set m 0
30.      ask n—of n turtles[ ;取样后统计其中的未标记数
31.        if ([color] of self) = red[
32.          set m m + 1]]
33.      ifelse i = 1 ;第一次取样时的累计标记数应为 0，之后的每次是上次累计标记
              数 + 上次取样后获得的标记数
34.      [set X_list insert—item (length X_list) X_list 0]
35.      [set X_list insert—item (length X_list) X_list (last X_list + last Y_list)]
36.      set Y_list insert—item (length Y_list) Y_list m ;将每次取样的未标记数存入 Y_
              list 最末尾
37.      ask n—of m turtles with [color = red] ;标记未标记的个体
38.      [set color green]
39.      set i i + 1
40.      set time 0
41.      while [time < #_dynamics][ ;每次标记完，所有个体随机移动使其充分混合
42.        move—turtles
```

43.   set time time + 1]
44.   file—write last Y_list FILE—TYPE "\t"   file—write last X_list ; 写文件 , 内容依次是每次取样的标记数 , 空格 , 累计标记数
45.   FILE—TYPE "\n"]; 换行
46.   file—close—all ; 关闭文件
47. end

更多数字资源……

◆ 实验彩色图片　　　◆ 程序代码　　　◆ 作业与思考参考答案

实验 19
种群在有限和无限环境中的增长过程

【实验目的】

1. 加深对种群增长模型的了解。

2. 在 NetLogo 软件中实现种群各增长模型的模拟。

3. 了解各参数对种群增长的影响。

【背景与原理】

种群增长模型是种群生态学的重点，描述单物种种群在有限或无限环境中的增长。根据种群增长过程在时间上是否连续，将其分为种群连续增长（如世代重叠）模型和种群离散增长（如世代不重叠）模型；根据种群增长率与密度的关系，又将其分为密度制约型增长模型和非密度制约型增长模型。因此，种群增长模型主要包括以下四类[1,2]：

1. 非密度制约的种群离散增长模型

$$N_{t+1} = \lambda N_t$$

或者

$$N_t = N_0 \lambda^t$$

其中 λ 为种群周期增长率，N_0 为初始种群大小。

2. 非密度制约的种群连续增长模型

$$N_t = N_0 e^{rt}$$

其中 r 为种群的内禀增长率，t 为时间。

3. 密度制约的种群离散增长模型

$$N_{t+} = \lambda N_t = \left[1 - B \left(N_t - N_{eq} \right) \right] N_t$$

其中 N_{eq} 是平衡态时的种群大小，B 为种群密度每偏离平衡密度一个单位 λ 改变的比例。

4. 密度制约的种群连续增长模型（逻辑斯蒂增长模型）

$$\frac{dN}{dt} = rN \left(\frac{K-N}{K} \right)$$

或

$$N_t = \frac{K}{1 + e^{a-rt}}$$

其中 K 为环境容纳量。

【教学安排】

本实验建议时长 2~3 h。

【实验用品】

计算机、NetLogo 软件。

【操作步骤】

1. 打开 NetLogo 软件，点击"文件"–"保存"，将其保存为"种群增长模型 .nlogo"。

（1）"界面"标签页添加两个"按钮"控件，第一个按钮的命令和显示名称分别为"setup"和"初始化"，第二个按钮的命令和显示名称分别为"go"和"运行"，并勾选"持续执行"框。

（2）添加"滑块"控件，全局变量名为"N0"，最小值 0，最大值 1 000，增量 10。

（3）添加"选择器"控件，全局变量名为"Model"，选择的内容为"V1""V2""V3""V4""V5""V6"，注意引号不能省略。

（4）添加"监视器"控件，报告器内容为"int Nt"，显示名称为"种群大小"。

以上添加的控件适用于以下所有种群增长模型。

2. 创建非密度制约的种群离散增长模型所需的控件。

（1）"界面"标签页添加"注释"控件，在弹出界面的"文字"框中输入："非密度制约的种群离散增长模型"，设置字体大小为 15，文字颜色为蓝色，以区分不同的模型及所特有的参数。

（2）添加两个"注释"控件，其内容分别为"V1:Nt + 1 = λNt"和"V2:Nt = N0*λ^t"，字体大小均设置为 12，文字颜色均设置为橙色，对应步骤 1（3）中"Model"选择框中的选项"V1"和"V2"。

（3）添加"滑块"控件，全局变量名为"λ"，最小值 0，最大值 2，增量 0.1。

3. 创建非密度制约的种群连续增长模型所需的控件。

（1）"界面"标签页添加两个"注释"控件，其"文字"内容分别为"非密度制约的种群连续增长模型"和"V3:Nt = N0*e^（rt）"，字体大小分别设置为 15 和 12，文字颜色分别设置为蓝色和橙色，对应"Model"选择框中的"V3"。

（2）添加"滑块"控件，全局变量名为"r"，最小值 –1，最大值 1，增量 0.01。

4. 创建密度制约的种群离散增长模型所需的控件。

（1）"界面"标签页添加两个"注释"控件，其"文字"内容分别为"密度制约的种群离散增长模型"和"V4:N（t + 1）=［1.0–B（Nt–Neq）］Nt"，字体大小分别设置为 15 和 12，文字颜色分别设置为蓝色和橙色，对应"Model"选择框中的"V4"。

（2）添加两个"滑块"控件，第一个滑块的全局变量名为"Neq"，最小值 100，最大值 8 000，增量 100；第二个滑块的全局变量名"B"，最小值 –0.1，最大值 0.1，增量 0.001。

5. 创建密度制约的种群连续增长模型所需的控件。

（1）"界面"标签页添加三个"注释"控件，其"文字"内容分别为："密度制约的种群连续增长模型"、"V5:Nt = K/［1 + e^（a–rt）］"和"V6:dN/dt = rN（K–N）/K"，字体大小分别设置为 15、12、12，文字颜色分别设置为蓝色、橙色、橙色，对应"Model"选择框中的"V5"和"V6"。

（2）添加"滑块"控件，全局变量名为"a"，最小值 3，最大值 13，增量 1。

（3）添加"监视器"控件，报告器内容为"count patches"，显示名称为"环境容纳量（K）"。

6. "界面"标签页添加"图"控件，名称为"Population dynamics with time"，X 轴标记为"Time"，Y 轴标记为"Population size"，勾选"显示图例"框。添加 3 个绘图笔，名称分别为 N、Neq 和 K，颜色为绿色、灰色和红色，绘图笔更新命令均为空。完成模型所有控件的添加（图 19-1）。

扫描二维码
浏览彩图

图 19-1 完成控件添加的界面实例

7. 点击"代码"，切换至"代码"标签页。声明模型所需要的变量（参见实验末尾【代码】L1–L4，下同）。

8. "代码"标签页定义"setup"例程，依次完成：世界清除、计数器清零、初始化种群大小和环境容纳量、将整个世界变为黑色，每个绿色 patch 代表一个个体。不同种群增长模型调用不同的绘图函数（L6–L16）。

（1）当种群按 V1、V2 或 V3 模型进行增长时，调用"do-plots-V1-V2-V3"例程进行绘图（L66–L70）。

（2）当种群按 V4 模型进行增长时，调用 do-plots-V4 进行绘图（L72–L78）；该例程不但要绘制种群大小随时间的变化，而且要绘制平衡态时的种群大小。

（3）当种群按 V5 或 V6 模型增长时，调用"do-plots-V5-V6"例程进行绘图（L80–L86）。该例程既绘制了种群大小随时间的变化，而且绘制了环境容纳量。

9. "代码"标签页定义"go"例程，完成各模型的模拟（L18–L64）。

10. "代码"标签页定义"update_world"例程更新世界（L88–L96），先计算出本次与上一次相比种群的变化量。若为负值，则有个体死亡，正值则有个体增加，为零则种群大小保持不变。

11. 在"界面"标签页，以 Model 选择模型 V6 为例，设置各参数值，视图更新方式选为"按时间步更新"，然后依次点击"初始化"和"运行"，模型运行效果如图 19-2 所示。

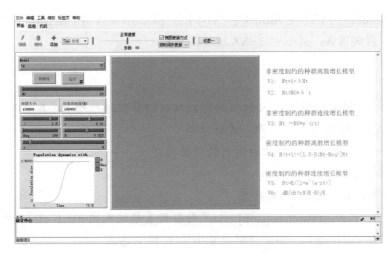

扫描二维码
浏览彩图

图 19-2　种群增长模型运行效果实例

【作业与思考】

调整模型各参数，比较种群变化趋势的差异。

【参考文献】

1. Vandermeer J H, Goldberg D E. Population Ecology First Principles Secondtion Edition [M]. New Jersey: Princeton University Press, 2013.

2. 孙儒泳, 王德华, 牛翠娟, 等. 动物生态学原理 [M]. 北京: 北京师范大学出版社, 2019.

【代码】(电子文件见数字课程)

1. globals [; 声明全局变量, 用于所有的模型
2. 　Nt ; 存放每次的种群大小
3. 　dn ; 每次种群增长量, 用于更新世界
4. 　K] ; 环境容纳量
5.
6. to setup
7. 　clear-all ; 清空世界
8. 　reset-ticks 　; 计数器清零
9. 　set Nt N0 ; 将变量 N0 的值赋给 Nt
10. 　set K count patches ; 环境容纳量为世界中 patch 的个数

11.　ask patches [set pcolor black]　;将所有的 patch 设置为黑色

12.　ask n-of Nt patches [set pcolor green]　;其中 Nt 个 patch 设置为绿色

13.　if Model = "V1" or Model = "V2" or Model = "V3"[do-plots-V1-V2-V3];若 Model 取值为 V1、V2 或 V3, 调用 do-plots-V1-V2-V3 绘图例程

14.　if Model = "V4" [do-plots-V4]; 若 Model 取值为 V4, 则调用 do-plots-V4 绘图例程

15.　if Model = "V5" or Model = "V6" [do-plots-V5-V6];若 Model 取值为 V5 或 V6, 则调用 do-plots-V5-V6 这绘图例程

16. end

17.

18. to go ;根据选择框 Model 的值种群按相应的模型进行增长, 其中 V1 至 V6 所代表的具体模型已在"界面"进行注解

19.　;------ 非密度制约的种群离散增长模型 ---------

20.　if Model = "V1"[

21.　　set Nt Nt * λ　;种群动态

22.　　if Nt > count patches [stop];如果种群数量超过总的 patch 数, 模型停止

23.　　if Nt < 1 [stop]　;如果种群数量小于 1, 模型停止

24.　　update_world ;调用"update_world"例程, 更新世界中的种群大小

25.　　do-plots-V1-V2-V3] ;绘制种群大小随时间的变化曲线

26.　if Model = "V2"[

27.　　set Nt N0 * λ ^ ticks

28.　　if Nt > count patches [stop]

29.　　if Nt < 1 [stop]

30.　　update_world

31.　　do-plots-V1-V2-V3]

32.

33.　;------ 非密度制约的种群连续增长模型 ---------

34.　if Model = "V3"[

35.　　set Nt N0 * e ^ (r * ticks); 种群动态

36.　　if Nt > count patches [stop]

37.　　if Nt < 1 [stop]

38.　　update_world

39.　　do-plots-V1-V2-V3] ;绘图

40.

41.　;------ 密度制约的种群离散增长模型 ---------

42.　if Model = "V4"[

43.　　set Nt ((1 - B * (Nt - Neq)) * Nt) ;种群动态

```
44.    if Nt > count patches  [stop]
45.    if Nt < 1 [stop]
46.    if abs ( Nt − Neq ) < 2 [stop] ;
47.    update_world
48.    do−plots−V4]
49.
50. ;−−−−−− 密度制约的种群连续增长模型 −−−−−−−−
51.   if Model = "V5"[
52.    set Nt K / ( 1 + exp ( a − r * ticks ) ) ; 种群大小动态
53.    if ( Nt >= K − 1 ) [stop] ; 种群大于环境容纳量时程序终止
54.    if Nt < 1 [stop]
55.    update_world
56.    do−plots−V5−V6]
57.   if Model = "V6"[
58.    set Nt ( Nt + r * Nt * ( K − Nt ) / K ) ; 种群大小动态
59.    if ( Nt >= ( K − 1 ) ) [stop]
60.    if Nt < 1 [stop]
61.    update_world
62.    do−plots−V5−V6]
63.   tick
64. end
65.
66. to do−plots−V1−V2−V3    ; 绘制种群大小随时间的变化
67.  set−current−plot "Population dynamics with time"
68.  set−current−plot−pen "N"
69.   plot Nt ; 绘制种群大小
70. end
71.
72. to do−plots−V4  ; 作图例程
73.  set−current−plot "Population dynamics with time"
74.  set−current−plot−pen "N" ; 绘制种群大小
75.   plot Nt
76.  set−current−plot−pen "Neq" ; 绘制平衡态时的种群数
77.   plot Neq
78. end ;
79.
80. to do−plots−V5−V6   ; 作图例程
```

81.　set-current-plot "Population dynamics with time"

82.　set-current-plot-pen "K" ; 绘制环境容纳量

83.　　plot K

84.　set-current-plot-pen "N" ; 绘制种群大小

85.　　plot Nt

86. end ;

87.

88. to update_world

89.　set dn（Nt − count patches with [pcolor = green]）; 每个时间间隔内种群的变化量赋值给变量 dn

90.　if dn < 0 [; 如果 dn 小于零, 则时间间隔内种群是负增长的 , dn 个个体死亡

91.　　ask n-of abs dn patches with [pcolor = green]; 随机选择 |dn| 个活着的个体（即 patch 颜色为绿色）, 将其颜色变为黑色

92.　　[set pcolor black]]

93.　if dn > 0 [; 如果 dn 大于零, 则时间间隔内种群是正增长的 , dn 个个体出生

94.　　ask n-of dn patches with [pcolor = black] ; 随机选择 dn 个黑色的 patch, 将其颜色变为绿色

95.　　[set pcolor green]]

96. end

更多数字资源……

◆ 实验彩色图片　　　◆ 程序代码　　　◆ 作业与思考参考答案

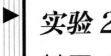

实验 20
基于 Lotka-Volterra 模型的竞争过程

【实验目的】

1. 掌握 Lotka-Volterra 竞争模型中每个参数的意义。

2. 掌握 Lotka-Volterra 竞争模型的实现过程。

【实验原理】

种间竞争是指两个及以上的物种因共同利用同一有限资源而抑制对方的生长[1]。经典的 Lotka-Volterra 竞争模型描述了两个物种的竞争关系，假设 N_1 和 N_2 分别代表物种 1 和物种 2 的种群大小，则竞争方程为：

$$\frac{\mathrm{d}N_1}{\mathrm{d}t} = r_1 N_1 \left(\frac{K_1 - N_1 - \alpha N_2}{K_1} \right)$$

$$\frac{\mathrm{d}N_2}{\mathrm{d}t} = r_2 N_2 \left(\frac{K_2 - N_2 - \beta N_1}{K_2} \right)$$

其中 r_1 和 r_2 分别表示物种 1 和物种 2 的内禀增长率；K_1 和 K_2 分别表示物种 1 和物种 2 的环境容纳量；α 和 β 是竞争系数，其中 α 是指在物种 1 的环境中，每存在一个物种 2 的个体对物种 1 所产生的抑制效应，β 是指在物种 2 的环境中，每存在一个物种 1 的个体对物种 2 所产生的抑制效应。Lotka-Volterra 竞争模型是在单种群逻辑斯蒂增长模型的基础上考虑了种间竞争关系，即当 α 和 β 等于 0 时，以上方程变为单种群逻辑斯蒂增长模型。

两个物种的 Lotka-Volterra 竞争模型可能会产生 4 种结局：①物种 1 竞争排除物种 2；②物种 2 竞争排除物种 1；③物种 1 和物种 2 不稳定共存（即任意一个种都有被竞争排除的可能性）；④物种 1 和物种 2 稳定共存。本实验将创建两个物种的 Lotka-Volterra 竞争模型，通过调节两物种的不同参数（N、r、K、α 和 β）来观察竞争的结局。

【教学安排】

本实验建议时长 2 h。

【实验用品】

计算机，NetLogo 软件。

【操作步骤】

如果读者未接触过 NetLogo 软件，请先阅读本书中的"实验 27 基于个体的生态学模型和 NetLogo 软件简介"。

1. 打开 NetLogo 软件，点击"文件"-"保存"，如将文件保存为"LV 竞争模型 .nlogo"。

2. "界面"标签页添加两个"按钮"控件，命令分别为"setup"和"go"，勾选"go"按钮的"持续执行"框。

3. "界面"标签页为物种 1 添加四个"滑块"控件，定义的变量名及范围分别为：

全局变量 N1 最小值为 0，最大值为 100，增量 1；

全局变量 K1 最小值为 0，最大值为 1 000，增量 1；

全局变量 r1 最小值为 0，最大值为 1，增量 0.05；

全局变量 alpha 最小值为 0，最大值为 1，增量 0.1。

同样，为物种 2 添加 4 个滑块，分别对应四个参数 N2、K2、r2 和 beta，取值范围同物种 1。此处的 N1 和 N2 分别表示物种 1 和物种 2 初始种群大小。读者可以按需改变各参数的取值范围和增量。

4. 为了便于观察种群大小随时间的动态，在"界面"标签页添加"图"控件，如名称为"Lotka-Volterra competition over time"，X 轴标记为 Time，Y 轴标记为 Populations。添加两个绘图笔，名称分别为 N1 和 N2，颜色分别为绿色和红色，绘图笔更新命令为空（图 20-1）。

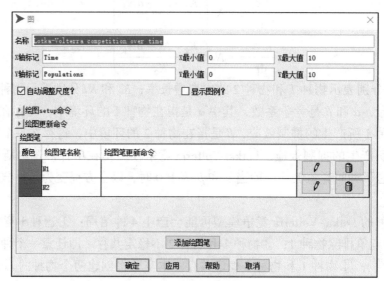

扫描二维码
浏览彩图

图 20-1　添加图组件

5. "界面"标签页添加"注释"控件，其"文字"内容为 Lotka-Volterra 竞争模型，字体大小为 12，文字颜色为蓝色。完成本实验所需控件的添加后"界面"标签页如图 20-2。

6. 点击"代码"，切换至"代码"标签页，编写 Lotka-Volterra 竞争模型。首先声明模型所需要的全局变量（参见实验末尾【代码】L1-L9，下同）。

7. "代码"标签页定义"setup"例程，完成初始化过程（L11-L22）。初始时所有

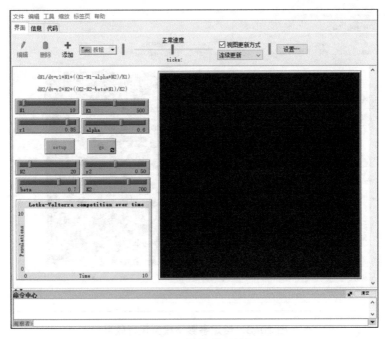

图 20-2　添加控件后的界面

patch 均设为黑色，物种 1 和物种 2 分别用红色和绿色的 patch 表示。选取其中的 N1 个 patch，将其颜色变为绿色，选取其中 N2 个 patch 将其颜色变为红色。

8. "代码"标签页定义"go"例程，主要完成 Lotka–Volterra 竞争模型的种群动态模拟及展现（L24–L54）。在世界中呈现每个物种的个体数量时，取 N1t、N2t 整数部分。系统达到平衡态所需的时间步数可能会因参数而异，实操时需注意。

9. "代码"标签页定义"do–plots"例程，实现种群大小随时间变化的曲线绘制（L56–L62）。

10. 在"界面"标签页，设置各参数的值，视图更新方式选为"按时间步更新"，然后依次点击"setup"和"go"，运行模型（图 20–3）。

【注意事项】

1. Δt 应该越小越好，避免 Δt 太大导致的模型不稳定。

2. 所有的变量名和例程名可按自己喜好定义，不需要与本文保持一致。

【作业与思考】

1. 通过改变模型中 8 个参数的值，实现 Lotka–Volterra 竞争模型的 4 种结局。

【参考文献】

孙儒泳，王德华，牛翠娟，等 . 动物生态学原理［M］. 4 版 . 北京：北京师范大学出版社，2019.

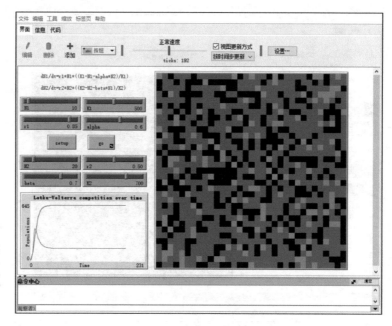

扫描二维码
浏览彩图

图20-3　给定参数下模型运行效果

【代码】（电子文件见数字课程）

1. globals [
2. 　N1t ; 物种 1 在 t 时刻的种群大小
3. 　dn1 ; 物种 1 在 t 时刻与 t−1 时刻种群数量的增量
4. 　dN1dt ; 物种 1 的种群大小随时间的变化量
5. 　N2t ; 物种 2 在 t 时刻的种群大小
6. 　dn2 ; 物种 2 在 t 时刻与 t−1 时刻种群数量的增量
7. 　dN2dt ; 物种 2 的种群大小随时间的变化量
8. 　deltat ; Δt
9. 　]
10.
11. to setup
12. 　clear−all
13. 　set deltat 1 ; 设 Δt=1，读者可以按需设置
14. 　set N1t N1 ; 通过滑块 N1 控制初始的种群大小
15. 　set N2t N2 ; 同上
16. 　ask patches [set pcolor black] ; 设置所有 patch 的颜色为黑色
17. 　ask n−of N1t patches [set pcolor green] ; 将其中的 N1t 个 patch 变为绿色
18. 　ask n−of N2t patches with [pcolor = black]
19. 　[set pcolor red] ; 将其中的 N2t 个 patch 变为红色
20. 　do−plots ; 将在之后定义此函数

21.　reset-ticks

22.　end

23.

24.　to go

25.　set dN1dt (r1 * N1t * ((K1 − N1t − alpha * N2t) / K1)) ; 物种 1 的种群动态过程

26.　set N1t N1t + dN1dt * deltat ; 计算 t 时刻物种 1 的种群大小

27.

28.　;;;; 更新世界中物种 1 的种群大小 ;;;;;

29.　set dn1 (N1t − count patches with [pcolor = green]) ; 统计与 t−1 时刻相比种群大小的变化

30.　if dn1 < 0 [; 若增量是负值，则随机选取 dn1 个物种 1(即绿色) 的个体，让其死亡，即颜色变为黑色

31.　　ask n-of abs dn1 patches with [pcolor = green]

32.　　[set pcolor black]]

33.　if dn1 > 0 [; 如果增量是正值，则随机选取 dn1 个个体 (即黑色的 patch)，让其变为物种 1 的个体 (颜色变为绿色)

34.　　ask n-of dn1 patches with [pcolor = black]

35.　　[set pcolor green]]

36.

37.　set dN2dt (r2 * N2t * ((K2 − N2t − beta * N1t) / K2)) ; 物种 2 的种群动态过程

38.　set N2t N2t + dN2dt * deltat ; 计算 t 时刻物种 2 的种群大小

39.

40.　;;;; 更新世界中物种 2 的种群大小 ;;;;;

41.　set dn2 (N2t − count patches with [pcolor = red]) ; 统计与 t−1 时刻相比种群大小的变化

42.　if dn2 < 0 [; 若增量是负值，则随机选取 dn2 个物种 2(即红色) 的个体，让其死亡，即颜色变为黑色

43.　　ask n-of abs dn2 patches with [pcolor = red]

44.　　[set pcolor black]]

45.　if dn2 > 0 [; 若增量是正值，则随机选取 dn2 个个体 (即黑色的 patch)，让其变为物种 2 的个体 (颜色变为红色)

46.　　ask n-of dn2 patches with [pcolor = black]

47.　　[set pcolor red]]

48.

49.　do-plots ; 绘制种群大小随时间的变化曲线

50.　if N1t = K1 [stop]; 如果物种 1 的数量达到其环境容纳量，则停止运行

51.　if N2t = K2 [stop]; 如果物种 2 的数量达到其环境容纳量，则停止运行

52.　if ticks >= 200 [stop] ; 如果系统达到平衡态 , 则停止运行

53.　tick

54. end

55.

56. to do-plots ; 绘制俩物种种群大小随时间的变化

57.　set-current-plot "Lotka-Volterra competition over time" ; 指定将要绘制的图的名称

58.　set-current-plot-pen "N1" ; 指定笔名

59.　plot N1t ; 调用 plot 例程进行绘制

60.　set-current-plot-pen "N2"

61.　plot N2t

62. end

更多数字资源······

◆ 实验彩色图片　　◆ 程序代码　　◆ 作业与思考参考答案

实验 21
基于 Lotka-Volterra 模型的捕食过程

【实验目的】

1. 熟悉 Lotka-Volterra 的猎物 – 捕食者模型及每个参数的生态学意义。

2. 掌握 Lotka-Volterra 的猎物 – 捕食者模型在 NetLogo 软件中的仿真实现过程。

【背景与原理】

在涉及种群增长模型时更多考虑的是单物种种群的增长情况，如单物种的逻辑斯蒂增长，其既受到该物种密度的制约，也受种群内禀增长率和环境容纳量的影响[1]。两个物种的相互关系也属于种群增长模型的范畴，本实验主要模拟两个物种之间的捕食关系。

在封闭系统中，即不考虑种群的迁入和迁出时，单物种种群在时间 Δt 的增长率一般都表示为：

$$\frac{\mathrm{d}N}{\mathrm{d}t} = 出生量 - 死亡量$$

假设有两个物种 A 和 B，物种 A 为猎物，其密度为 N_A 物种 B 为捕食者，其密度为 N_B。在理想状态下，猎物不会受到任何因素的制约，也没有天敌，所以其按以下公式无限增长：

$$\frac{\mathrm{d}N_A}{\mathrm{d}t} = b_A N_A$$

捕食者因没有猎物按以下公式减少：

$$\frac{\mathrm{d}N_B}{\mathrm{d}t} = -d_B N_B$$

其中 b_A 和 d_B 分别是在无捕食者和猎物时的猎物 A 的出生率和捕食者 B 的死亡率，为常数[1,2]。当两物种之间存在捕食关系时，猎物不能无限增长，有一定的死亡率，则猎物的种群增长模型为：

$$\frac{\mathrm{d}N_B}{\mathrm{d}t} = b_A N_A - c N_B N_A$$

其中 c 是捕食者发现并进攻猎物的效率，即平均每一捕食者捕食猎物的常数。

同时，捕食者因捕食猎物而获取能量，有一定的出生率，所以捕食者种群增长模型为：

$$\frac{dN_B}{dt}=rN_AN_B-d_BN_B$$

其中，r 是捕食者通过捕食猎物获取能量并繁殖的效率。

【教学安排】

本实验建议时长 2 h。

【实验用品】

计算机，NetLogo 软件。

【操作步骤】

如果读者从未接触过 NetLogo 软件，请先阅读本书中的"实验27 基于个体的生态学模型和 NetLogo 软件简介"。

1. 打开 NetLogo 软件，点击"文件"-"保存"，创建一个新模型，对文件进行保存。

2. "界面"标签页添加"按钮"控件，命令为"setup"，显示名称为"初始化"（图21-1）。

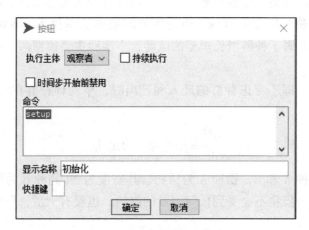

图21-1　创建"初始化"按钮

3. "界面"标签页添加"按钮"控件，命令为"go"，显示名称为"运行/停止"，并勾选"持续执行"框。

4. "界面"标签页添加6个滑块，定义的变量分别为：

全局变量 N_A　最小值0，增量1，最大值100（图21-2）；

图21-2　创建全局变量名为"N_A"的滑块

全局变量 b_A　最小值 0，增量 0.01，最大值 1；

全局变量 c　最小值 0，增量 0.01，最大值 1；

全局变量 d_B　最小值 0，增量 0.01，最大值 1；

全局变量 r　最小值 0，增量 0.01，最大值 1；

全局变量 N_B　最小值 0，增量 1，最大值 100。

5. "界面"标签页添加"图"控件，名称为"Population size with time"，X 轴标记为"Time"，Y 轴标记为"Population size"。再在此图中添加两支绘图笔，第一支绘图笔名称为"mouse"，选择颜色为棕色；点击"添加绘图笔"按钮，添加第二支笔，其绘图笔名称为"cat"，颜色为绿色；绘图笔更新命令均为空（图 21-3）。

图 21-3　创建图组件并添加画笔

6. "界面"标签页添加"注释"控件，"文字"内容为捕食者 - 猎物模型公式，字体大小为 12，文字颜色为蓝色，界面如图 21-4。

7. 点击"代码"，切换至"代码"标签页。声明全局变量和两种 turtle 类型：猫和老鼠（参见实验末尾【代码】L1-L3，下同）。代码中 ntemp 和 ptemp 分别表示猎物和捕食者当前种群大小，nntemp 和 pptemp 分别记录猎物和捕食者上次的种群大小，delta-t 是时间间隔 Δt。

8. "代码"标签页定义"setup"例程（L5-L22），依次实现以下功能：首先清空世界；创建 N_A 个老鼠，设定老鼠的形状、大小、颜色和在世界中的位置；再创建 N_B 个猫，设定猫的形状、大小、颜色和在世界中的位置；完成变量赋值，ntemp 和 ptemp 最初的值分别为 N_A 和 N_B，赋予 delta-t 为 0.000 1；调用 do-plots 例程，开始绘图。

9. "代码"标签页定义"go"例程（L24-L50），依次实现以下功能：将上次的猎物和捕食者的种群大小分别赋予变量 nntemp 和 pptemp，根据捕食者 - 猎物模型计算本次

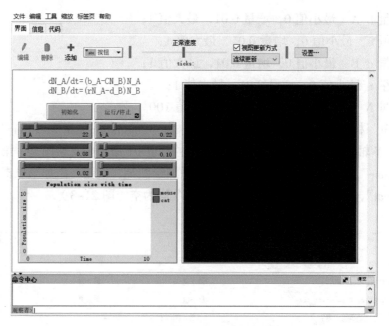

图 21-4　完成步骤 1-6 的效果实例

的种群大小并分别赋予变量 ntemp 和 ptemp；在世界中完成种群数量的变化；绘图。

在更新世界时，先让所有的个体死亡，再分别创建 ntemp 和 ptemp 个个体。该功能也可以参考"Lotka-Volterra 竞争模型"中的方法，或创建新的方法。

10. "代码"标签页定义"move"和"do-plots"例程，其中 move 例程实现猎物和捕食者个体的移动（L52-L56），do-plots 例程绘制猎物和捕食者种群数量随时间的变化曲线（L58-L64）。

11. 在"界面"标签页，设置各参数值，视图更新方式选"按时间步更新"，然后依次点击"初始化"和"运行/停止"按钮，最终运行效果如图 21-5。

【注意事项】

1. Δt 越小越好，避免 Δt 太大导致的模型不稳定。

2. 所有的变量名和例程名可自行定义。

【作业与思考】

改变模型参数，观察猎物和捕食者种群数量的变化。

【参考文献】

1. 孙儒泳，王德华，牛翠娟，等 . 动物生态学原理［M］. 4 版 . 北京：北京师范大学出版社，2019.

2. Mittelbach G G. Community Ecology［M］. New York：Oxford University Press，2012.

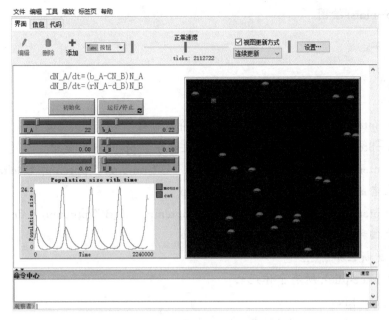

扫描二维码
浏览彩图

图 21-5　猎物－捕食者模型运行效果图

【代码】(电子文件见数字课程)

1. globals [ntemp ptemp nntemp pptemp delta-t]
2. breed [cats cat]
3. breed [mice mouse]
4.
5. to setup
6. 　clear-all ; 清空世界
7. 　reset-ticks ; 设置 tick
8. 　create-mice N_A [; 创建老鼠
9. 　　set shape "mouse side" ; 设置形状，"mouse side" 在 turtle 形状编辑库中
10. 　　set color 35 ; 设置颜色
11. 　　set size 1.5 ; 设置大小
12. 　　setxy random-xcor random-ycor]; 老鼠在世界中是随机分布的
13. 　create-cats N_B[; 创建猫
14. 　　set shape "cat" ; 设置形状
15. 　　set color 63; 颜色
16. 　　set size 1; 大小
17. 　　setxy random-xcor random-ycor]; 世界中的位置
18. 　set ntemp N_A; 将 N_A 赋值给 ntemp
19. 　set ptemp N_B; 将 N_B 赋值给 ptemp
20. 　set delta-t 0.0001; 将 0.0001 赋值给 delta-t

21.　do-plots; 绘图

22. end

23.

24. to go

25.　tick

26.　set nntemp ntemp ; 将上次的老鼠种群数暂存于 nntemp 变量中

27.　set pptemp ptemp; 将上次的猫种群数暂存于 pptemp 变量中

28.　set ntemp (nntemp + (b_A * nntemp − c * nntemp * pptemp) * delta−t); 计算本次老鼠种群大小 , 将结果赋予 ntemp

29.　set ptemp (pptemp + (r * nntemp * pptemp − d_B * pptemp) * delta−t); 计算本次猫种群大小 , 将结果赋予 ptemp

30. ;;;;; 更新世界 ;;;;;;

31.　ask mice [die]; 所有个体死亡

32.　ask cats [die]

33.　create−mice ntemp[; 创建 ntemp 个老鼠

34.　　set shape "mouse side"

35.　　set color 35

36.　　set size 1.5

37.　　setxy random−xcor random−ycor]

38.　create−cats ptemp[; 创建 ptemp 个猫

39.　　set shape "cat"

40.　　set color 63

41.　　set size 1

42.　　setxy random−xcor random−ycor]

43.　ask mice [

44.　　if ntemp < 0 [stop] ; 如果老鼠的种群数量出现负值 , 则终止运行

45.　　move]; 移动

46.　ask cats[

47.　　if ptemp < 0 [stop] ; 如果猫的种群数量出现负值 , 则终止运行

48.　　move] ; 移动

49.　do−plots ; 绘制猫和老鼠的种群数量随时间变化的曲线

50. end

51.

52. to move

53.　rt random 360 ; 在 0−360 度之间随机选择一角度 , 向右转此角度

54.　lt random 360; 在 0−360 度之间随机选择一角度 , 向左转此角度

55.　fd 1; 向前走一步

56. end
57.
58. to do-plots
59.   set-current-plot "Population size with time"; 关联在界面中定义的"图"控件
60.   set-current-plot-pen "mouse"; 关联在图中定义的笔'mouse'
61.   plot ntemp; 此笔绘制的是老鼠种群数量
62.   set-current-plot-pen "cat" ; 关联在图中定义的笔'cat'
63.   plot ptemp; 此笔绘制的是猫种群数量
64. end

更多数字资源······

◆ 实验彩色图片   ◆ 程序代码   ◆ 作业与思考参考答案

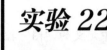

实验 22
基于中性模型的群落构建过程

【实验目的】

1. 了解群落构建机制。

2. 巩固中性学说及其主要假设。

3. 掌握中性模型在 NetLogo 软件中的实现方法。

【背景与原理】

群落构建机制是指群落中物种共存的潜在机理，是 20 世纪 50 年代以来群落生态学研究的重点内容，也是生物多样性保护和可持续发展的理论基础。中性理论是揭示群落构建机制的主要学说，有两个最基本的假设前提：①物种在生态上的等价性，即所有的物种都不区分生态特性，具有相等的出生率、死亡率、迁入率和迁出率等统计属性；②群落动态过程中的零和假设，即每一时刻群落都处于饱和状态。中性理论强调随机过程，认为自然群落是物种的随机组合，群落中物种进行着随机的出生、死亡、迁入和迁出等活动[1]。

中性理论能完美地预测自然群落中的多种分布模式，如物种面积关系、物种多度分布格局等，预测能力超越其他的群落构建机制学说，且模型的实现过程简单易行。本实验利用 NetLogo 软件实现中性模型，关注局域群落动态：每一时刻，局域群落中的个体以一定的概率随机死亡，空出的资源由本局域群落中随机选择的个体或来自物种库中的个体占领，使得群落处于饱和状态。

【教学安排】

本实验建议时长 2 h。

【实验用品】

计算机、NetLogo 软件。

【操作步骤】

1. 打开 NetLogo 软件，点击"文件"–"保存"将文件保存为如"Neutral_model.nlogo"。

2. "界面"标签页添加"按钮"控件，命令为"setup"，显示名称为"初始化"。

3. 添加"按钮"控件，命令为"go"，显示名称为"运行"，选中"持续执行"选择框。

4. 添加三个滑块：第一个滑块全局变量名为"#_species"，最小值为 1，最大值为 100，增量为 1，用于控制群落的初始物种数；第二个滑块的全局变量名为"death_rate"，最小值为 0，最大值为 1，增量为 0.01，用于控制群落中个体的死亡率；第三个滑块的全局变量名为"immigration"，最小值为 0，最大值为 1，增量为 0.01，用于控制物种库到局域群落的迁入率。

5. 添加"监视器"控件，报告器为"count turtles"，显示名称为"Current_individual"，统计每一时刻的 turtle 数量，监测是否满足中性理论的零和假设。

6. 添加"图"控件，名称为"Richness with time"，X 轴标记为"Time"，Y 轴标记为"Species richness"。添加一个绘图笔，名称为"species"，颜色为黑色，绘图笔更新命令为空，用于绘制群落物种数随时间的变化曲线（图 22-1）。

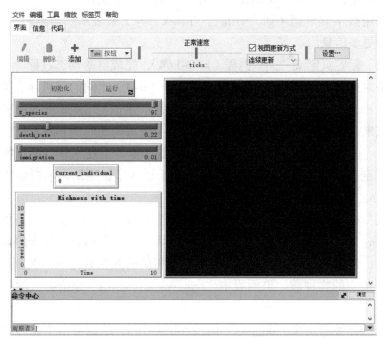

图 22-1　完成步骤 2-6 的中性模型界面

以下步骤模拟森林群落的中性动态过程。假定世界为一个局域群落，每个 patch 上有且仅有一个 turtle（树），patch 总数等于群落总个体数。

7. 点击"代码"，切换至"代码"标签页。

8. "代码"标签页声明模型所需全局变量（参见实验末尾【代码】L1–L10，下同）。

9. "代码"标签页定义"setup"例程（L12–L18），完成群落的初始化、初始物种数的统计及绘图。

10. "代码"标签页定义"initialize"例程（L20–L48）。每个物种的初始个体数等于群落总个体数/总物种数，若不能整除，则余下的个体数随机分配到不同的物种。不同颜色代表不同物种，所有个体在群落中随机分布。

该例程代码说明：

　　每个 turtle 都有一个 ID，访问某个单独的 turtle，用"ask turtle ID"的方式，如代码中"ask turtle i"表示访问 ID 编号为 i 的 turtle。

　　"move–to patch x y"要求 turtle i 移动到坐标为（x，y）的 patch 上，其中"move–to"是原语，意为移动到指定位置。

　　"min-pxcor"、"min-pycor"、"max-pxcor"和"max-pycor"分别为世界中 x 坐标和 y 坐标的最小值和最大值。

　　原语"floor"取下整。

　　算术运算符"＋""–""/""*"分别表示加减乘除。

　　"with"之后是条件，如"turtles with［color ＝ 0］"是指颜色为 0 的 turtle。

　　"n-of 数字 主体"表示在总的主体中选择"数字"个主体。

　　颜色可以用数字或单词（如"write"、"black"等）来表示。请点击"工具"–"颜色样块"查看更多信息。

　　10."代码"标签页定义"go"例程（L50–L64），完成群落动态过程。

　　基本思路为：遍历群落中的 patch，产生一个［0–1）之间的随机浮点数，如果此数小于等于死亡率，则此 patch 上的个体死亡。死亡产生的空 patch 由本局域群落中随机选择的个体或来自物种库（假定物种库中的物种与群落初始时的物种相同）中的个体占领。产生一个［0–1）之间的随机浮点数，若此数小于等于迁入率，则从物种库中随机选择个体占据空 patch；若随机产生的浮点数大于迁入率，则从局域群落中随机选择个体占据空 patch。

　　11."代码"标签页定义"count_species"例程（L66–L72），统计当前群落中的物种数：遍历 patch，获取 patch 上 turtle 的颜色，将其存入一个列表。列表的长度与群落中总个体数一致，然后去除列表中重复的数字，即相同的颜色只记录一次。最终获得的列表长度便为群落中的物种数。该例程中"remove-duplicates"原语将去除列表中的重复元素。

　　12."代码"标签页定义"do_plot"例程（L74–78），绘制群落中物种数随时间的变化曲线。

　　13. 点击"界面"标签页，勾选"视图更新方式"，将更新方式（view updates）改为"按时间步更新（on ticks）"。设定各参数，依次点击"初始化"和"运行"按钮，可观察到群落中个体的消失和再出现过程。中性模型运行效果实例如图 22–2。

　　【作业与思考】

　　1. 探讨群落大小、初始群落物种数、死亡率、迁入率等参数对物种变化趋势的影响。

　　【参考文献】

Hubbell S P. The Unified Neutral Theory of Biodiversity and Biogeography（MPB–32）［M］. New Jersey：Princeton University Press，2001.

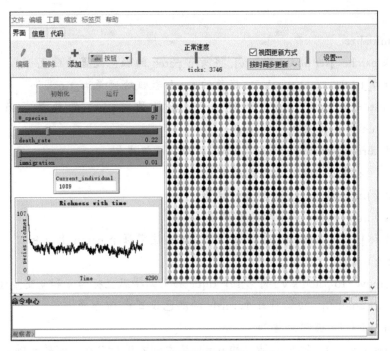

扫描二维码
浏览彩图

图 22-2　中性模型运行效果实例

【代码】(电子文件见数字课程)

1. globals [
2. 　abu_each; 每个物种的平均多度
3. 　abu_last; 剩余多度
4. 　#_turtle ; 总个体数
5. 　i ; 控制循环的变量
6. 　j
7. 　x ; 控制 patch 纵坐标的变量
8. 　y ; 控制 patch 横坐标的变量
9. 　new ; 产生的新个体颜色值
10. 　cur_species] ; 列表 , 用于统计物种数
11.
12. to setup
13. 　clear-all ; 清空世界
14. 　initialize ; 调用初始化例程
15. 　count_species; 调用物种数统计例程
16. 　do_plot ; 调用绘图例程
17. 　reset-ticks; 计数器归零
18. end

19.

20. to initialize

21.   ask patches [set pcolor white]; 将所有 patch 的颜色设置为白色

22.   set #_turtle count patches ; 将总的 patch 数赋给变量 #_turtle

23.   create-turtles #_turtle ; 创建 turtles, 其数量与 patch 的数量一致, 使得一个 patch 上有且仅有一个 turtle

24.   ask turtles [set shape "tree"];turtle 的形状设置成树

25.   set i 0 ; 用于控制之后循环的变量

26.   set x min-pxcor ; x 坐标的初始值

27.   set y min-pycor ;y 坐标的初始值

28.   while [i < #_turtle][; 遍历每一个 turtle, 使得每个 patch 上有且仅有一个 turtle

29.   ask turtle i [

30.   move-to patch x y ; 将第 i 个 turtle 移动到横纵坐标为 x 和 y 变量值的 patch 上

31.   set color 0] ; 初始将每个 turtle 的颜色设置成 0(黑色)

32.   set i i + 1 ; 控制变量加 1

33.   set x x + 1 ; 现对 x 轴上的 patch 从左到右进行分配, 如果 x 轴的取值达到右边界, 则 y 轴加 1,x 轴的取值又从最左边开始

34.   if x > max-pxcor[

35.   set x min-pxcor

36.   set y y + 1]]

37.   ; 此 while 循环完成了将 turtles 分配到 patch 上的任务, 以下代码是将这些 turtles 归属到不同的物种

38.   set abu_each floor (#_turtle / #_species); 设置每个物种的多度

39.   set abu_last (#_turtle − (abu_each * #_species)); 若不能整除, 则 abu_last 中存放的是余数

40.   set j 1 ; 此变量控制物种数

41.   while [j <= #_species][; 将不同物种设置成不同颜色, 而且同一物种的所有个体在空间中随机分布

42.   ask n-of abu_each turtles with [color = 0]; 随机选择 abu_each 个颜色为 0 的个体, 则将其颜色设置为 j

43.   [set color j]

44.   set j j + 1] ; 更改控制变量的值

45.   if abu_last != 0 [; 剩余的个体随机归属到不同的种

46.   ask n-of abu_last turtles with [color = 0]

47.   [set color ((random #_species) + 1)]]

48. end

49.

```
50.  to go
51.    set new 0 ; 存放占领空 patch 的个体的颜色
52.    ask patches[
53.      if random-float 1 <= death_rate [ ; 产生一个随机数, 如果此数小于等于死亡
                率, 则此 patch 上的个体死亡
54.        ask turtles-on self [die]
55.       ifelse random-float 1 <= immigration ; 产生一个随机数, 如果此数小于等于
                迁入率, 则有一个个体从物种库迁入到本群落中并去占领空斑块
56.       [set new (random #_species) + 1]
57.       [set new [color] of one-of turtles ] ; 或者由本群落中物种的后代占领
58.        sprout 1[      ; 产生一个新个体
59.           set color new ; 设置新个体的颜色, 由颜色来区分它所属的物种
60.          set shape "tree"]]] ; 设置新个体的形状
61.    count_species ; 调用物种统计例程
62.    do_plot ; 调用绘图例程
63.    tick
64.  end
65.
66.  to count_species
67.    set cur_species [] ; 统计群落中的物种数
68.    ask patches[ ; 将每个 patch 上的 turtle 的颜色值存入 cur_species 中
69.      ask turtles-on self[
70.        set cur_species insert-item (length cur_species) cur_species ([color] of self)]]
71.    set cur_species remove-duplicates cur_species ; 将 cur_species 中的重复元素去掉
72.  end
73.
74.  to do_plot
75.    set-current-plot "Richness with time"
76.    set-current-plot-pen "species"
77.    plot length cur_species ; 绘制 cur_species 列表的大小
78.  end
```

更多数字资源……

◆ 实验彩色图片　　　◆ 程序代码　　　◆ 作业与思考参考答案

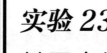

实验 23
基于中性模型的 α 物种多样性变化

【实验目的】

1. 熟悉 α 多样性指数的计算方法。

2. 在 NetLogo 软件中实现中性群落 α 多样性指数的计算。

【背景与原理】

群落物种多样性反映了组成群落的物种丰富度和均匀性。通常将多样性分为 α– 多样性、β– 多样性和 γ– 多样性。α– 多样性度量局域群落内的物种多样性，β– 多样性度量局域群落之间的物种多样性，而 γ– 多样性度量由多个局域群落组成的区域尺度的物种多样性。常用的衡量 α– 多样性指标有：Shannon–Wiener 指数、Simpson 指数和 Pielou 均匀度指数等。

Shannon– Wiener 指数公式：

$$H = -\sum_{i=1}^{s} p_i \ln(P_i)$$

其中，S 为群落中的总物种数，P_i 为物种 i 在群落中的相对多度，即物种 i 的个体数 / 群落总个体数。因此，该指数中既包含了群落中的物种数，也包含了各物种之间个体分布的均匀性。

Simpson 指数公式：

$$D = 1 - \sum_{i=1}^{s} P_i^2$$

该指数表示随机选取的两个个体属于不同物种的概率。D 越大表示群落中物种分布越均匀。

Pielou 均匀度指数公式：

$$J = \frac{H}{\ln(S)} = \frac{-\sum_{i=1}^{s} P_i \ln(P_i)}{\ln(S)}$$

该指数 J 的取值范围为 $[0，1]$，1 代表群落物种分布完全均匀，0 代表分布完全不均匀。

本实验调查中性群落动态过程中以上各 α– 多样性指数变化情况。

【教学安排】

本实验建议时长 2 h。

【实验用品】

计算机、NetLogo 软件、中性模型（见实验 22 基于中性模型的群落构建过程）。

【操作步骤】

1. NetLogo 软件中打开在"实验 22 基于中性模型的群落构建过程"中创建的中性模型。

2. "界面"标签页添加两个"注释"控件，"文字"分别为"中性群落动态"和"物种多样性指数"，字体大小均为 12，文字颜色均为橙色。

3. "界面"标签页添加四个"滑块"控件：

全局变量为"Half_Height"，最小值 0，最大值 16，增量 1；

全局变量为"Half_Width"，最小值 0，最大值 16，增量 1；

全局变量为"originx"，最小值 min–pxcor + Half_Width，最大值 max–pxcor–Half_Width + 1，增量 1；

全局变量为"originy"，最小值 min–pycor + Half_Height，最大值 max–pycor–Half_Height + 1，增量 1；

滑块"Half_Height"和"Half_Width"决定取样面积，滑块"origin"和"origin"决定取样位置。当"Half_Height"和"Half_Width"的值改变时，"origin"和"origin"的取值范围也会相应地发生变化。

4. "界面"标签页添加三个"开关"控件，全局变量分别为"calculate_shannon_index?"、"calculate_simpson_index?"和"calculate_pielou_index?"。

5. "界面"标签页添加三个"监视器"控件，报告器及显示名称分别为"Shannon"及"Shannon index"、"Simpson"及"Simpson index"和"Pielou"及"Pielou index"，分别用于显示 Shannon–Wiener 指数、Simpson 指数和 Pielou 指数。

6. "界面"标签页中调整"图"控件"Richness with time"的位置。完成步骤 2–6 后"界面"标签页如图 23–1。

7. 点击"代码"，切换至"代码"标签页。

8. 声明所需变量（参见实验末尾【代码】中的 L1–L22，下同）。

9. 添加"do_sampling"例程（L94–L120）。

该例程通过 originx 和 originy 获取样方中心在世界中的坐标，originx–Width 和 originx + Width 分别是样方的最小 x 坐标和最大 x 坐标，originy–Height 和 originy + Height 分别是样方的最小 y 坐标和最大 y 坐标。确定样方面积和位置，统计样方内的物种及多度。

10. 添加"Shannon"报告例程（L122–L133）。当"calculate_shannon_index?"为 on 时，在 Shannon index 的报告器中显示 Shannon– Wiener 指数。

11. 添加"Simpson"报告例程（L135–L144），当"calculate_simpson_index?"为 on 时，在 Simpson index 的报告器中显示 Simpson 指数。

12. 添加 "Pielou" 报告例程（L146–L157），当 "calculate_pielou_index?" 为 on 时，在 Pielou index 的报告器中显示 pielou 指数。

13. 运行模型：点击 "界面" 标签页，拉动滑块调整各参数，依次点击 "初始化"、"运行" 按钮，监视器显示的各多样性指数如图 23-2。

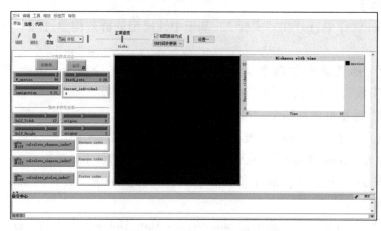

扫描二维码
浏览彩图

图 23-1 完成步骤 2-6 的界面实例

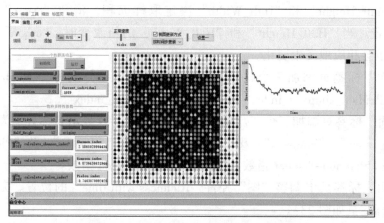

扫描二维码
浏览彩图

图 23-2 中性群落中各多样性指数实例

【作业与思考】

1. 观察群落不同时刻的多样性指数变化。

2. 多样性各指数如何响应初始物种数、死亡率、迁入率等参数？

3. 取样面积对多样性指数的影响。

【参考文献】

孙儒泳，王德华，牛翠娟，等. 动物生态学原理［M］. 4 版. 北京：北京师范大学出版社，2019.

【代码】（电子文件见数字课程）

1. globals [

2. abu_each; 每个物种的平均多度

3. abu_last; 剩余多度

4. #_turtle ; 总个体数

5. i ; 控制循环的变量

6. j

7. x ; 控制 patch 纵坐标的变量

8. y ; 控制 patch 横坐标的变量

9. new ; 产生的新个体颜色值

10. cur_species ; 列表，用于统计物种数

11.

12. minx ; 用于计算物种数

13. miny

14. maxx

15. maxy

16. ix

17. iy

18. spe_abu

19. species

20. species_abundance

21. shannonP

22. H]

23.

24. to setup

25. clear-all ; 清空世界

26. initialize ; 调用初始化例程

27. count_species; 调用物种数统计例程

28. do_plot ; 调用绘图例程

29. reset-ticks; 计数器归零

30. end

31.

32. to initialize

33. ask patches [set pcolor white]; 将所有 patch 的颜色设置为白色

34. set #_turtle count patches ; 将总的 patch 数赋给变量 #_turtle

35. create-turtles #_turtle ; 创建 turtles, 其数量与 patch 的数量一致，使得一个
      patch 上有且仅有一个 turtle

36. ask turtles [set shape "tree"];turtle 的形状设置成树

37. set i 0 ; 用于控制之后循环的变量

38.   set x min−pxcor ; x 坐标的初始值

39.   set y min−pycor ;y 坐标的初始值

40.   while [i < #_turtle][; 遍历每一个 turtle, 使得每个 patch 上有且仅有一个 turtle

41.   ask turtle i [

42.   move−to patch x y ;将第 i 个 turtle 移动到横纵坐标为 x 和 y 变量值的 patch 上

43.   set color 0] ; 初始将每个 turtle 的颜色设置成 0(黑色)

44.   set i i + 1 ; 控制变量加 1

45.   set x x + 1 ; 现对 x 轴上的 patch 从左到右进行分配, 如果 x 轴的取值达到右
边界 , 则 y 轴加 1,x 轴的取值又从最左边开始

46.   if x > max−pxcor[

47.   set x min−pxcor

48.   set y y + 1]]

49.   ; 此 while 循环完成了将 turtles 分配到 patch 上的任务 , 以下代码是将这些
turtles 归属到不同的物种

50.   set abu_each floor (#_turtle / #_species); 设置每个物种的多度

51.   set abu_last (#_turtle − (abu_each * #_species)); 若不能整除 , 则 abu_last 中存放
的是余数

52.   set j 1 ; 此变量控制物种数

53.   while [j <= #_species][; 将不同物种设置成不同颜色 , 而且同一物种的所有个
体在空间中随机分布

54.   ask n−of abu_each turtles with [color = 0]; 随机选择 abu_cach 个颜色为 0 的个
体 , 则将其颜色设置为 j

55.   [set color j]

56.   set j j + 1] ; 更改控制变量的值

57.   if abu_last != 0 [; 剩余的个体随机归属到不同的种

58.   ask n−of abu_last turtles with [color = 0]

59.   [set color ((random #_species) + 1)]]

60. end

61.

62. to go

63.   set new 0 ; 存放占领空 patch 的个体的颜色

64.   ask patches[

65.   if random−float 1 <= death_rate [; 产生一个随机数 , 如果此数小于等于死亡
率 , 则此 patch 上的个体死亡

66.   ask turtles−on self [die]

67.   ifelse random−float 1 <= immigration ; 产生一个随机数 , 如果此数小于等于
迁入率 , 则有一个个体从物种库迁入到本群落中并去占领空斑块

68.　　　 [set new (random #_species) + 1]

69.　　　 [set new [color] of one-of turtles] ; 或者由本群落中物种的后代占领

70.　　 sprout 1[　　 ; 产生一个新个体

71.　　　 set color new ; 设置新个体的颜色 , 由颜色来区分它所属的物种

72.　　　 set shape "tree"]]] ; 设置新个体的形状

73.　 count_species ; 调用物种统计例程

74.　 do_plot ; 调用绘图例程

75.　 tick

76. end

77.

78. to count_species

79.　 set cur_species [] ; 统计群落中的物种数

80.　 ask patches[; 将每个 patch 上的 turtle 的颜色值存入 cur_species 中

81.　　 ask turtles-on self[

82.　　 set cur_species insert-item (length cur_species) cur_species ([color] of self)]]

83.　 set cur_species remove-duplicates cur_species ; 将 cur_species 中的重复元素去掉

84. end

85.

86. to do_plot

87.　 set-current-plot "Richness with time"

88.　 set-current-plot-pen "species"

89.　 plot length cur_species ; 绘制 cur_species 列表的大小

90. end

91.

92. ;;;;;;;;;;;;;;; 物种多样性指数计算 ;;;;;;;;;;;;;;;;;;;;;;;;;;;

93.

94. to do_sampling ; 取样 , 取样面积为方形

95.

96.　 set minx originx - Half_Width ; minx 是指定取样面积的样方在 x 轴方向上的最小值

97.　 set maxx originx + Half_Width - 1 ; maxx 是指定取样面积的样方在 x 轴方向上的最大值

98.　 set miny originy - Half_Height ; miny 是指定取样面积的样方在 y 轴方向上的最小值

99.　 set maxy originy + Half_Height - 1; maxy 是指定取样面积的样方在 y 轴方向上的最大值

100.　 set spe_abu []

```
101.   set iy miny ; iy 是 y 轴方向上的遍历变量
102.   while [iy <= maxy][ ; 此嵌套循环用于取样, 记录每个个体所属的物种
103.     set ix minx ; ix 是 x 轴方向上的遍历变量
104.     while[ix <= maxx][
105.       set spe_abu insert-item (length spe_abu) spe_abu ([color] of turtles-
             on patch ix iy)
106.       ask patch ix iy [set pcolor black]
107.       set ix ix + 1]
108.     set iy iy + 1]
109.   set species remove-duplicates spe_abu ; 将每个种的编号存入 species 列表中
110.   set i 0
111.   set species_abundance []
112.   while [i < length species][; 此嵌套循环用于统计取样面积上的物种数和每个种
           的多度, 存入 species_abundance 列表中
113.     set species_abundance insert-item i species_abundance 0
114.     set j 0
115.     while [j < length spe_abu][
116.       if (item i species) = (item j spe_abu)[
117.         set species_abundance replace-item i species_abundance (item i species_
               abundance + 1)]
118.       set j j + 1]
119.     set i i + 1]
120. end
121.
122. to-report Shannon
123.   if calculate_shannon_index?[ ; 如果选择器是处于 on, 则将计算 Shannon-
           Wiener 指数, 结果显示在 " 世界 " 标签页的监视器中
124.   do_sampling ; 先取样
125.   set shannonP []
126.   set H 0
127.   set i 0
128.   while [i < length species_abundance][ ; 按 Shannon 多样性公式进行计算
129.     set shannonP insert-item (length shannonP) shannonP (item i species_
             abundance / sum species_abundance)
130.     set H H + (item i shannonP * ln (item i shannonP) )
131.     set i i + 1]
132.   report (- H)]
```

133.　end

134.

135.　to-report Simpson

136.　　if calculate_simpson_index?[; 如果选择器是处于 on, 则将计算 Simpson 指数 , 结果显示在 " 世界 " 标签页的监视器中

137.　　do_sampling ; 先取样

138.　　set H 0

139.　　set i 0

140.　　while [i < length species_abundance][; 按 Simpson 多样性公式进行计算

141.　　 set H H + ((item i species_abundance) / (sum species_abundance)) ^ 2

142.　　 set i i + 1]

143.　　report 1 − H]

144.　end

145.

146.　to-report Pielou

147.　if calculate_pielou_index?[; 如果选择器是处于 on, 则将计算 Pielou 指数 , 结果显示在 "世界" 标签页的监视器中

148.　　do_sampling ; 先取样

149.　　set shannonP []

150.　　set H 0

151.　　set i 0

152.　　while [i < length species_abundance][; 按 Shannon 多样性公式进行计算

153.　　 set shannonP insert-item (length shannonP) shannonP (item i species_abundance / sum species_abundance)

154.　　 set H H + (item i shannonP * ln (item i shannonP))

155.　　 set i i + 1]

156.　　report ((− H) / ln (length species))] ; 计算并返回 Pielou 指数

157.　end

更多数字资源……

◆ 实验彩色图片　　　◆ 程序代码　　　◆ 作业与思考参考答案

实验 24
基于中性模型的种－面积关系

【实验目的】

1. 掌握用 NetLogo 软件实现种面积曲线绘制。

【背景与原理】

见"实验 7 巢式样方法绘制种－面积曲线"。

【教学安排】

本实验建议时长 2 h。

【实验用品】

计算机、NetLogo 软件、中性模型（见实验 22 基于中性模型的群落构建过程）

【操作步骤】

1. NetLogo 软件中打开在"实验 22 基于中性模型的群落构建过程"中创建的中性模型。在"界面"标签页添加两个"注释"控件，"文字"分别为"中性群落动态"和"种面积曲线"，字体大小均为 12，文字颜色均为橙色。

2. "界面"标签页添加"选择器"，全局变量名为"sampling"，选择内容为"species_area_1"和"species_area_2"。

3. 添加"按钮"控件，命令为"plot_species_area"，显示名称为"绘制种面积曲线"。

4. 添加"图"控件，名称为"Species area relationship"，x 轴标记为"Area"，y 轴标记为"Species richness"，勾选"显示图例？"。添加两个绘图笔，名称分别为"SAR1"和"SAR2"，颜色分别为红色和绿色，绘图笔更新命令暂时为空（图 24–1）。

5. 点击"代码"，切换至"代码"标签页。

6. 声明本模型将要用到的变量（参见实验末尾【代码】L1–L22，下同）。

7. 定义"species_area_1"例程（L94–L123），实现巢式取样：

（1）从虚拟世界的左下角开始进行取样，第一次取样面积为一个 patch；

（2）第二次取样面积在第一次取样面积基础上向 x 轴方向上增加一倍；

（3）第三次取样面积在第二次取样面积基础上向 y 轴方向增加一倍；

（4）重复步骤（2）和（3），直至剩余面积不足前次取样面积的 2 倍，取样结束。

8. 定义"species_area_2"例程（L125–L144），实现连续取样法，统计相应面积上的物种数。从世界的左下角开始，从左到右（即 x 轴方向）、从下到上（即 y 轴方向）取样，每次取样在前一次的基础上增加一个 patch，直到统计完整个世界的面积。

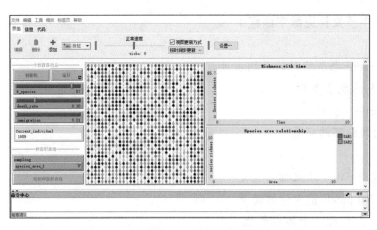

扫描二维码
浏览彩图

图 24-1　按步骤 1 ~ 4 添加控件的界面实例

9. 定义绘图例程 "plot_species_area"（L146–L162），绘制两种取样方式下的种面积曲线。

该例程中 "plot-pen-up" 表示提起画笔；"plotxy（item 0 area）（item 0 spe）" 表示列表 area 中的第 0 个元素作为 x 轴坐标、列表 spe 中的第 0 个元素作为 y 轴坐标，将画笔移动至此坐标；"plot-pen-down" 表示放下画笔准备绘图。

10. 切换至 "界面"，依次点击 "初始化" 和 "运行" 按钮，等群落达到平衡态（物种数不再发生变化），点击 "运行" 按钮停止运行。通过 sampling 选择器选择取样方式，点击 "绘制种面积曲线" 按钮绘制相应取样方式下的种面积曲线（图 24-2）。

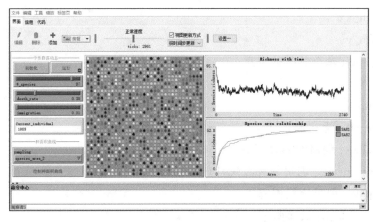

扫描二维码
浏览彩图

图 24-2　中性群落种面积曲线绘制实例

【注意事项】

1. 注意更新循环语句中的控制变量，避免出现死循环。
2. 自行决定是否添加注释及字体颜色。

【作业与思考】

1. 比较两种取样方式的种 – 面积曲线差异。
2. 改变模型参数，分析不同参数组合对种 – 面积曲线的影响。

【代码】（电子文件见数字课程）

```
1. globals [
2.   abu_each; 每个物种的平均多度
3.   abu_last; 剩余多度
4.   #_turtle ; 总个体数
5.   i ; 控制循环的变量
6.   j
7.   x ; 控制 patch 纵坐标的变量
8.   y ; 控制 patch 横坐标的变量
9.   new ; 产生的新个体颜色值
10.  cur_species ; 列表, 用于统计物种数
11.
12.  ; 以下变量是用于种面积曲线的绘制
13.  spe ; 存放物种数
14.   area ; 存放面积
15.   spe_temp
16.  xx ; 存放取样面积中每个 patch 的坐标
17.  yy
18.  x1
19.  y1
20.  length_xx
21.  length_yy
22.  abu_spe]; 每个物种的多度
23.
24. to setup
25.   clear-all ; 清空世界
26.   initialize ; 调用初始化例程
27.   count_species; 调用物种数统计例程
28.   do_plot ; 调用绘图例程
29.   reset-ticks; 计数器归零
30. end
31.
32. to initialize
33.   ask patches [set pcolor white]; 将所有 patch 的颜色设置为白色
34.   set #_turtle count patches ; 将总的 patch 数赋给变量 #_turtle
35.   create-turtles #_turtle ; 创建 turtles, 其数量与 patch 的数量一致, 使得一个 patch
        上有且仅有一个 turtle
```

36.　ask turtles [set shape "tree"];turtle 的形状设置成树
37.　set i 0 ; 用于控制之后循环的变量
38.　set x min–pxcor ; x 坐标的初始值
39.　set y min–pycor ;y 坐标的初始值
40.　while [i < #_turtle][; 遍历每一个 turtle, 使得每个 patch 上有且仅有一个 turtle
41.　　ask turtle i [
42.　　　move–to patch x y ; 将第 i 个 turtle 移动到横纵坐标为 x 和 y 变量值的 patch 上
43.　　　set color 0] ; 初始将每个 turtle 的颜色设置成 0(黑色)
44.　　set i i + 1 ; 控制变量加 1
45.　　set x x + 1 ; 现对 x 轴上的 patch 从左到右进行分配 , 如果 x 轴的取值达到右边界 , 则 y 轴加 1,x 轴的取值又从最左边开始
46.　　if x > max–pxcor[
47.　　　set x min–pxcor
48.　　　set y y + 1]]
49.　; 此 while 循环完成了将 turtles 分配到 patch 上的任务 , 以下代码是将这些 turtles 归属到不同的物种
50.　set abu_each floor (#_turtle / #_species); 设置每个物种的多度
51.　set abu_last (#_turtle − (abu_each * #_species)); 若不能整除 , 则 abu_last 中存放的是余数
52.　set j 1 ; 此变量控制物种数
53.　while [j <= #_species][; 将不同物种设置成不同颜色 , 而且同一物种的所有个体在空间中随机分布
54.　　ask n–of abu_each turtles with [color = 0]; 随机选择 abu_each 个颜色为 0 的个体 , 则将其颜色设置为 j
55.　　[set color j]
56.　　set j j + 1] ; 更改控制变量的值
57.　if abu_last != 0 [; 剩余的个体随机归属到不同的种
58.　　ask n–of abu_last turtles with [color = 0]
59.　　[set color ((random #_species) + 1)]]
60. end
61.
62. to go
63.　set new 0 ; 存放占领空 patch 的个体的颜色
64.　ask patches[
65.　　if random–float 1 <= death_rate [; 产生一个随机数 , 如果此数小于等于死亡率 , 则此 patch 上的个体死亡
66.　　　ask turtles–on self [die]

67.　　　　ifelse random−float 1 <= immigration ; 产生一个随机数，如果此数小于等于
　　　　　　　迁入率，则有一个个体从物种库迁入到本群落中并去占领空斑块

68.　　　　[set new (random #_species) + 1]

69.　　　　[set new [color] of one−of turtles] ; 或者由本群落中物种的后代占领

70.　　　　sprout 1[　　 ; 产生一个新个体

71.　　　　　set color new ; 设置新个体的颜色，由颜色来区分它所属的物种

72.　　　　　set shape "tree"]]] ; 设置新个体的形状

73.　count_species ; 调用物种统计例程

74.　do_plot ; 调用绘图例程

75.　tick

76. end

77.

78. to count_species

79.　set cur_species [] ; 统计群落中的物种数

80.　ask patches[; 将每个 patch 上的 turtle 的颜色值存入 cur_species 中

81.　　ask turtles−on self[

82.　　set cur_species insert−item (length cur_species) cur_species ([color] of self)]]

83.　set cur_species remove−duplicates cur_species ; 将 cur_species 中的重复元素去掉

84. end

85.

86. to do_plot

87.　set−current−plot "Richness with time"

88.　set−current−plot−pen "species"

89.　plot length cur_species ; 绘制 cur_species 列表的大小

90. end

91.

92. ;; 以上代码用于创建中性模型，以下代码绘制种面积曲线

93.

94. to species_area_1 ; 统计群落中物种数和面积之间的关系，使用经典的巢式取样法

95.　set spe [] ; 物种

96.　set area [] ; 面积

97.　set xx [−16] ; 坐标轴初始位置

98.　set yy [−16] ; 坐标轴初始位置

99.　while [(max xx) <= max−pxcor and (max yy) <= max−pycor][; 若坐标轴没有超
　　　出范围，则执行以下内容

100.　　set y1 0 ; 此变量用于控制 y 轴方向的取样面积

101.　　set spe_temp [] ; 因为相同的物种具有同一颜色，所以通过 turtle 的颜色来统

　　计物种数量

102.　　while [y1 < length yy][; y 轴方向上的取样面积由 yy 列表中的元素决定

103.　　 set x1 0 ; 此变量用于控制 x 轴方向的取样面积

104.　　 while [x1 < length xx][; x 轴方向上的取样面积由 xx 列表中的元素决定

105.　　 ; 在 spe_temp 列表的最末尾的位置添加当前 patch 上的 turtle 的颜色，当前
　　　　 patch 通过 x1 和 y1 来控制

106.　　　 set spe_temp insert–item (length spe_temp) spe_temp ([color] of turtles–
　　　　 on patch (item x1 xx) (item y1 yy))

107.　　　 ask patch (item x1 xx) (item y1 yy) [set pcolor red]; 取样 patch 的颜色变为红色

108.　　　 set x1 x1 + 1 ; 改变控制变量，获取下一个元素的 x 轴位置

109.　　　 tick–advance 0.1] ;tick 的值提前 0.1 步

110.　　 set y1 y1 + 1] ; 改变控制变量，获取下一个元素的 y 轴位置

111.　　 set spe_temp remove–duplicates spe_temp ; 移除列表中的重复的元素

112.　　 set spe insert–item (length spe) spe (length spe_temp) ; 在 spe 列表的最末尾添
　　　　 加新计算得到的物种数

113.　　 set area insert–item (length area) area ((length xx) * (length yy)); 在 area 列表的
　　　　 最末尾添加新的面积

114.　　 ifelse length xx = length yy

115.　　 [; 若当前所取面积中 x 和 y 轴坐标值一致，则 x 轴增加至原来的两倍

116.　　 set length_xx (length xx) * 2

117.　　 while [length xx < length_xx] [

118.　　 set xx insert–item (length xx) xx ((max xx) + 1)]] ; 向 xx 列表中添加新增面
　　　　 积的 x 轴坐标

119.　　 [　 ; 若不一致，则 y 轴增加至原来的两倍

120.　　 set length_yy (length yy) * 2

121.　　 while [length yy < length_yy] [

122.　　 set yy insert–item (length yy) yy ((max yy) + 1)]]] ; 向 xx 列表中添加新增
　　　　 面积的 x 轴坐标

123. end

124.

125. to species_area_2; 连续取样

126.　 set spe [] ; 物种数

127.　 set area [0] ; 面积

128.　 set spe_temp [] ; 存放世界中 turtle 的颜色

129.　 set yy min–pycor ; 坐标轴初始位置

130.　 while [yy <= max–pycor][

131.　 set xx min–pxcor ; 坐标轴初始位置

132.　　　　while [xx <= max-pxcor][

133.　　　　　; 将每个 patch 上 turtle 的颜色值添加到 spe_temp 这个列表中, 并剔除其中重复的数字, 则该列表的长度便是物种数

134.　　　　　set spe_temp insert-item (length spe_temp) spe_temp ([color] of turtles-on patch xx yy)

135.　　　　　ask patch xx yy [set pcolor green]; 取样 patch 的颜色变为红色

136.　　　　　set spe_temp remove-duplicates spe_temp

137.　　　　　set spe insert-item (length spe) spe (length spe_temp)

138.　　　　　set area insert-item (length area) area ((max area) + 1)

139.　　　　　set xx xx + 1

140.　　　　　tick-advance 0.1]; tick 的值提前 0.1 步

141.　　　　set yy yy + 1]

142.　　　; 开始时已对 area 列表赋一个元素 0, 便于后面统计此列表的长度。此处将面积 0 从列表中删除

143.　　set area remove-item 0 area

144. end

145.

146. to plot_species_area ; 绘制种面积曲线

147.　ifelse sampling = "species_area_1" ; 选择取样方式

148.　[species_area_1] [species_area_2] ; 每次绘制前都要调用此函数来重新统计特定面积上的物种数

149.　set-current-plot "Species area relationship"

150.　ifelse sampling = "species_area_1" ; 选择取样方式

151.　[set-current-plot-pen "SAR1"] ; 第一种取样方式, 对应 SAR1 笔

152.　[set-current-plot-pen "SAR2"] ; 第二种取样方式, 对应 SAR2 笔

153.　; 若进行两次绘制时, 第二次绘制会在第一次绘制的停止点开始重新绘制, 而不是从期望的开始点绘制。

154.　; 因此以下三行代码完成提起绘图画笔, 将画笔移动至起始绘图位置, 放下画笔准备绘制下一幅图

155.　plot-pen-up

156.　plotxy (item 0 area) (item 0 spe)

157.　plot-pen-down

158.　set i 0

159.　while [i < length spe][; 绘图

160.　plotxy (item i area) (item i spe)

161.　set i i + 1]

162. end

更多数字资源……

◆ 实验彩色图片　　　◆ 程序代码　　　◆ 作业与思考参考答案

实验 25
基于中性模型的物种多度分布模式

【实验目的】

1. 熟悉群落中物种多度分布的常见模式。

2. 绘制物种多度分布曲线。

【背景与原理】

物种多度分布（species abundance distribution，SAD）表示群落中物种个体数的频率分布，用于描述群落中物种的组成和分布格局。物种多度分布模式可反映群落中常见种和稀有种数及其比例。通常有两种物种多度分布曲线：①SAD：以物种多度为横轴，物种数为纵轴；②RAD（rank-abundance diagram）：以物种数（按多度从大到小排序）为横轴，物种多度为纵轴。本实验将绘制中性群落的 SAD 和 RAD 曲线。

【教学安排】

本实验建议时长 2 h。

【实验用品】

计算机、NetLogo 软件、中性模型（见"实验 22 基于中性模型的群落构建过程"）。

【操作步骤】

1. NetLogo 中打开在"实验 22 基于中性模型的群落构建过程"中创建的中性模型。

2. "界面"标签页添加两个"注释"控件，其内容分别为"中性群落动态"和"物种多度分布模式"，字体大小均为 12，文字颜色均为橙色。

3. 添加两个"按钮"控件，命令分别为"plot_RAD"和"plot_SAD"，显示名称分别为"绘制 RAD"和"绘制 SAD"。

4. 添加"图"控件，名称为"Relative species abundance"，X 轴标记为"Species ranked as abundance"，Y 轴标记为"Abundance"，勾选"显示图列？"。添加一个绘图笔，名称为"RAD"，颜色为黑色，绘图笔更新命令为空。

5. 添加"图"控件，名称为"Species abundance distribution"，X 轴标记为"Abundance"，Y 轴标记为"Species richness"，勾选"显示图列？"。在此图中添加一个绘图笔，名称为"SAD"，颜色为黑色，绘图笔更新命令为空（图 25-1）。

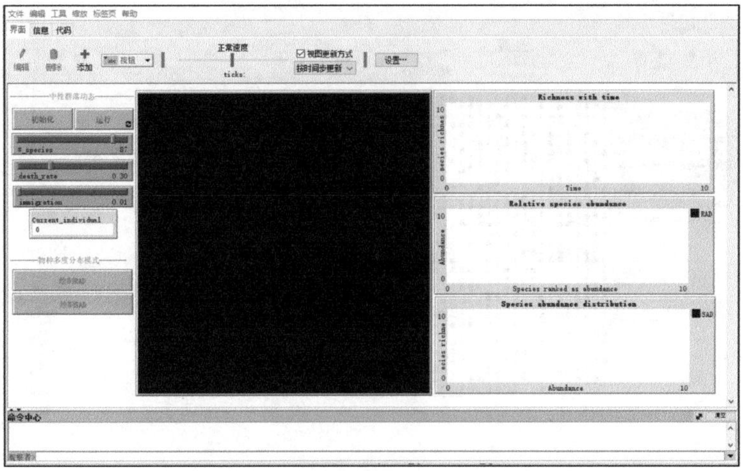

图 25-1　完成步骤 2-5 的界面实例

6. 点击"代码",切换至"代码"标签页。

7. 声明本模型所需变量(参见实验末尾【代码】中的 L1–L15,下同)。

8. 定义"species_abu"例程(L87–L94),完成每个物种的多度统计。

9. 定义"plot_RAD"例程(L110–L122),完成 RAD 曲线的绘制。该例程首先调用"species_abu"例程统计每个物种的多度,然后对物种按多度降序排序,最后再绘图。代码中"sort-by > abu_spe"将列表 abu_spe 按降序排序。

10. 定义"freq_abu"例程(L96–L108),首先统计出可能出现的物种多度数,然后将其按升序排序,再统计每个多度下的物种数。

代码说明:列表 aspe 的长度与 freq 的长度一致,前者中存放多度数,后者存放相应多度下的物种数,如 aspe 的第 0 个元素为 5,freq 的第 0 个元素为 2,说明多度为 5 的物种有两个。"replace-item j freq((item j freq)+1)"表示将列表 freq 的第 j 个元素的值加 1 后去替代其第 j 个元素。"replace-item"是原语,可查看菜单栏"帮助"–"NetLogo 词典"了解其用法。

11. 定义"plot_SAD"例程(L124–L137),完成 SAD 的绘制。先调用"species_abu"和"freq_abu"统计群落中具有指定多度的物种数,然后绘图。

12. 模型操作步骤:点击"界面",设定参数值,依次点击"初始化"和"运行"按钮;待物种数随时间变化的曲线相对稳定后,点击"运行"按钮停止运行;分别点击"绘制 RAD"和"绘制 SAD"完成绘图(图 25–2)。

【作业与思考】

1. 绘制不同时刻的群落物种多度分布曲线,观察其差异。

2. 改变群落大小、初始物种数、死亡率、迁入率等参数,观察物种多度分布曲线的变化。

【参考文献】

1. McGill B J, Etienne R S, Gray J S, et al. Species abundance distributions: moving

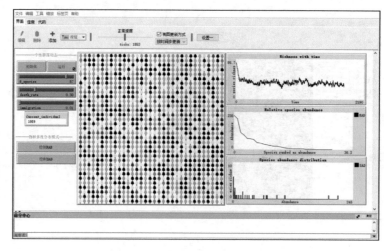

扫描二维码
浏览彩图

图 25-2　物种多度分布曲线实例

beyond single prediction theories to integration within an ecological framework ［J］. Ecology Letters，2007（10）：995-1015.

2. 孙儒泳，王德华，牛翠娟，等 . 动物生态学原理［M］. 4 版 . 北京：北京师范大学出版社，2019.

【代码】（电子文件见数字课程）

1. globals [
2. 　abu_each; 每个物种的平均多度
3. 　abu_last; 剩余多度
4. 　#_turtle ; 总个体数
5. 　i ; 控制循环的变量
6. 　j
7. 　x ; 控制 patch 纵坐标的变量
8. 　y ; 控制 patch 横坐标的变量
9. 　new ; 产生的新个体颜色值
10. 　cur_species ; 列表，用于统计物种数
11.
12. 　 ; 以下变量是用于种多度分布曲线绘制
13. 　abu_spe ; 每个物种的多度
14. 　aspe ; 群落中出现的不同的多度，重复的只记一次
15. 　freq]; 存放每个多度下的物种数
16.
17. to setup
18. 　clear-all ; 清空世界
19. 　initialize ; 调用初始化例程

114

20.　count_species; 调用物种数统计例程

21.　do_plot ; 调用绘图例程

22.　reset-ticks; 计数器归零

23.　end

24.

25.　to initialize

26.　ask patches [set pcolor white]; 将所有 patch 的颜色设置为白色

27.　set #_turtle count patches ; 将总的 patch 数赋给变量 #_turtle

28.　create-turtles #_turtle ; 创建 turtles，其数量与 patch 的数量一致，使得一个 patch 上有且仅有一个 turtle

29.　ask turtles [set shape "tree"];turtle 的形状设置成树

30.　set i 0 ; 用于控制之后循环的变量

31.　set x min-pxcor ; x 坐标的初始值

32.　set y min-pycor ;y 坐标的初始值

33.　while [i < #_turtle][; 遍历每一个 turtle，使得每个 patch 上有且仅有一个 turtle

34.　　ask turtle i [

35.　　move-to patch x y ; 将第 i 个 turtle 移动到横纵坐标为 x 和 y 变量值的 patch 上

36.　　set color 0] ; 初始将每个 turtle 的颜色设置成 0(黑色)

37.　　set i i + 1 ; 控制变量加 1

38.　　set x x + 1 ; 现对 x 轴上的 patch 从左到右进行分配，如果 x 轴的取值达到右边界，则 y 轴加 1，x 轴的取值又从最左边开始

39.　　if x > max-pxcor[

40.　　　set x min-pxcor

41.　　　set y y + 1]]

42.　; 此 while 循环完成了将 turtles 分配到 patch 上的任务，以下代码是将这些 turtles 归属到不同的物种

43.　set abu_each floor (#_turtle / #_species); 设置每个物种的多度

44.　set abu_last (#_turtle − (abu_each * #_species)); 若不能整除，则 abu_last 中存放的是余数

45.　set j 1 ; 此变量控制物种数

46.　while [j <= #_species][; 将不同物种设置成不同颜色，而且同一物种的所有个体在空间中随机分布

47.　　ask n-of abu_each turtles with [color = 0]; 随机选择 abu_each 个颜色为 0 的个体，则将其颜色设置为 j

48.　　[set color j]

49.　　set j j + 1] ; 更改控制变量的值

50.　if abu_last != 0 [; 剩余的个体随机归属到不同的种

```
51.      ask n-of abu_last turtles with [color = 0]
52.        [set color ((random #_species) + 1)]]
53. end
54.
55. to go
56.   set new 0 ; 存放占领空 patch 的个体的颜色
57.   ask patches[
58.     if random-float 1 <= death_rate [ ; 产生一个随机数，如果此数小于等于死亡
                率，则此 patch 上的个体死亡
59.       ask turtles-on self [die]
60.       ifelse random-float 1 <= immigration ; 产生一个随机数，如果此数小于等于
                迁入率，则有一个个体从物种库迁入到本群落中并去占领空斑块
61.       [set new (random #_species) + 1]
62.       [set new [color] of one-of turtles ] ; 或者由本群落中物种的后代占领
63.         sprout 1[      ; 产生一个新个体
64.            set color new ; 设置新个体的颜色，由颜色来区分它所属的物种
65.          set shape "tree"]]] ; 设置新个体的形状
66.   count_species ; 调用物种统计例程
67.   do_plot ; 调用绘图例程
68.   tick
69. cnd
70.
71. to count_species
72.   set cur_species [] ; 统计群落中的物种数
73.   ask patches[ ; 将每个 patch 上的 turtle 的颜色值存入 cur_species 中
74.     ask turtles-on self[
75.       set cur_species insert-item (length cur_species) cur_species ([color] of self)]]
76.   set cur_species remove-duplicates cur_species ; 将 cur_species 中的重复元素去掉
77. end
78.
79. to do_plot
80.   set-current-plot "Richness with time"
81.   set-current-plot-pen "species"
82.   plot length cur_species ; 绘制 cur_species 列表的大小
83. end
84.
85. ;; 以上代码用于创建中性模型，以下代码绘制种多度分布曲线 ;;
```

86.

87. to species_abu ; 统计每个物种的多度

88.   count_species ; 首先调用该例程统计当前系统中的物种数

89.   set abu_spe []; 存放每个物种的多度

90.   set i 0

91.   while [i < length cur_species][;cur_species 存放当前世界中的物种

92.   set abu_spe insert−item i abu_spe (count turtles with [color = (item i cur_species)]); 物种是按颜色区分的，统计具有相同颜色的 turtle 个体数

93.   set i i + 1]

94. end

95.

96. to freq_abu

97.   set aspe remove−duplicates abu_spe ; abu_spe 列表为每个物种的多度，去掉其中重复出现的数字，使 aspe 列表为世界中物种的多度数

98.   set aspe sort−by < aspe ; 将 aspe 列表按升序排序

99.   set freq n−values (length aspe) [0] ; 定义 freq 的长度与 aspe 的长度一致，而且所有元素都为 0.

100.   set i 0

101.   while [i < length abu_spe][; 遍历 abu_spe 列表，统计具有特定多度的物种数

102.   set j 0

103.   while [j < length aspe][; 遍历多度列表

104.   if ((item j aspe) = (item i abu_spe)) ; 如果 abu_spe 中当前物种的多度与 aspe 列表中某个多度一致，则 freq 相应位置的元素加 1

105.   [set freq replace−item j freq ((item j freq) + 1)]

106.   set j j + 1]

107.   set i i + 1]

108. end

109.

110. to plot_RAD ; 绘制 RAD

111.   species_abu ; 首先调用此函数统计出每个物种的多度

112.   set abu_spe sort−by > abu_spe ; 对群落中物种按多度降序排序

113.   set−current−plot "Relative species abundance" ; 设置绘图名称

114.   set−current−plot−pen "RAD" ; 设置绘图笔

115.   plot−pen−up ; 将画笔提起

116.   plotxy 0 (item 0 abu_spe) ; 确认绘图开始位置

117.   plot−pen−down ; 将画笔放下

118.   set i 0 ; 变量 i 控制列表中元素的提取

```
119.    while [i < length abu_spe ][
120.      plotxy i (item i abu_spe) ; 绘制 x 轴为 i, y 轴为多度数的 RAD 曲线
121.      set i i + 1]
122. end
123.
124. to plot_SAD ; 绘制 SAD
125.    species_abu ; 首先调用此函数统计出每个物种的多度
126.    freq_abu; 统计每个多度所具有的物种数
127.    set-current-plot "Species abundance distribution"
128.    set-current-plot-pen "SAD"
129.    set-plot-pen-mode 1 ; 笔的模式设置为 1, 即绘制条形图
130.    plot-pen-up ; 将画笔提起
131.    plotxy  (item 0 aspe) (item 0 freq); 确认绘图开始位置
132.    plot-pen-down ; 将画笔放下
133.    set i 0 ; 变量 i 来控制在列表 spe 和 area 中的元素的提取
134.    while [i < length aspe ][
135.      plotxy (item i aspe) (item i freq) ; 绘制 x 轴为多度, y 轴为物种数的 SAD 曲线
136.      set i i + 1]
137. end
```

更多数字资源……

◆ 实验彩色图片　　　◆ 程序代码　　　◆ 作业与思考参考答案

实验 26
动物从水生到陆生的进化过程

【实验目的】

1. 了解动物从水生到陆生的进化过程。

2. 掌握自然选择对生物进化的意义。

【背景与原理】

约 3.85 亿年前，生活在水中的脊椎动物开始登陆。脊椎动物鳍到四肢的进化，使他们获得了捕食陆地食物的能力，该过程同时伴随着视觉感知能力的增强。本模型探讨动物鳍肢变化（陆地活动能力）与视野大小之间的关系，以及这两个因素对动物从水生进化到陆生过程中所起的作用。

模型中的动物个体初始生活在水中，能够主动发现并捕食视野内食物，将食物的能量转化为自身的能量，且动物的视觉感知能力和陆地活动能力有一定的概率发生变异。若动物的能量低于 0，则其死亡；若动物获取足够能量，则有一定概率繁殖。食物在封闭的世界中以一定概率补充且随机分布，从陆地上获取、竞争食物的自然选择压力，会改变动物的属性。为此，本模型设计思路：封闭的虚拟世界存在水体和陆地两类生境；虚拟世界中主要包含动物和食物两类主体；动物具有视野大小、陆地活动能力和能量值等 3 个属性；动物通过捕获食物获取能量；动物移动将消耗能量，其中，动物的陆地移动能力越强，其在水体中因移动而消耗的能量越多，在陆地上消耗的能量越少，反之亦然；同样地，动物的视野大小，水体中比陆地上更加消耗能量。

【教学安排】

本实验建议时长 2 h。

【实验用品】

计算机，NetLogo 软件。

【操作步骤】

1. 打开 NetLogo 软件，菜单栏"文件"–"新建"，保存并命名文件（本例文件名为"Evolution.nlogo"）。

2. 右键点击"界面"标签页中的世界 –"edit"。设置"原点位置"为"中心"，最大 x 和 y 坐标为"65"，"嵌块大小"为 5，取消勾选水平和竖直方向世界回绕。

3. 依次添加两个"按钮"控件，命令分别为"setup"和"go"，其中"go"按钮设置中勾选"持续执行"。

4. 添加"滑块"控件。根据表 26-1 所示参数，完成所需变量名称及参考值的设置。

表 26-1　滑块控件全局变量及参数设定参考

全局变量	最小值	增量	最大值	默认值	单位
initial-number-animal	0	1	250	50	
initial-number-food	0	1	250	50	
energy-gain-from-food	50	1	150	50	
reproduction-rate	0	1	100	30	%
food-replenish-rate	0	1	100	30	%
mutation-rate	0	0.01	1	0.66	

5. 添加"开关"控件，全局变量名称为"show-vision?"。

6. 添加"图"控件，根据表 26-2 所示参数，完成所需作图名称及相关图例设置，并勾选"自动调整尺度"和"显示图例？"。此时部分控件因存在引用错误，名称将显示为告警状态的红色（图 26-1）。

表 26-2　图控件中图名及相关参数设定参考

	图名称/画笔说明	X 轴标记	X 最小值	X 最大值	Y 轴标记	Y 最小值	Y 最大值
	average eye size	time	0	100	avg eye size	0	2
1	画笔 1：terrestrial；命令：plot avg-eye-size（animal with［ycor >= 0］）；陆地动物视野						
	画笔 2：aquatic；命令：plot avg-eye-size（animal with［ycor < 0］）；水中动物视野						
	average land mobility	time	0	100	land mobility	0	1
2	画笔 1：terrestrial；plot avg-land-mobility（animal with［ycor >= 0］）；陆地动物陆地移动能力						
	画笔 2：aquatic；命令：plot avg-land-mobility（animal with［ycor < 0］）；水中动物在陆地的移动能力						
	population size	time	0	100	population	0	100
3	画笔 1：animal；命令：plot count animal；动物种群大小						
	画笔 2：food；命令：plot count food；食物种群大小						
	画笔 3：terrestrial；命令：plot count animal with［ycor >= 0］；陆地动物种群大小						
	画笔 4：aquatic；命令：plot count animal with［ycor < 0］；水中动物种群大小						

7. 点击软件中的"代码"，切换至代码标签页，声明视野（fov）、食物（food）以及动物（animal）等变量（参见实验末尾【代码】中的第 1 行至第 3 行，简写为 L1-L3，下同），并定义 animal 的相关属性（L5-L8）。

8. 定义"setup"例程。根据预设的参数创建各类主体，初始化其属性并重置时钟计数（tick）（L10-L27）。其中 animal 叠加视野范围调用"produce-fov"例程，根据控

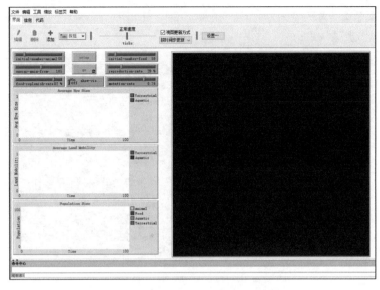

扫描二维码
浏览彩图

图 26-1 添加控件后的界面效果实例

件 "show-vision?" 的状态设置不透明度为 30% 或 0%（L29–L36）。

9. 定义 "go" 例程。定义每个循环中动物和食物（猎物）的动作，动物灭绝则模型停止。动物的动作依次调用 "move" "consume-energy" "eat-food" "death" "reproduce" 等例程，食物的补充调用 "replenish-food" 例程（L38–L42）。

10. 定义 "move" 例程。设置水体和陆地动物向食物移动的规则，且视野跟随动物（L44–L60）。

11. 定义 "consume-energy" 例程。设置水体和陆地的动物耗能过程，陆地移动能力和视野大小均影响动物的能量消耗水平（L62–L69）。

12. 定义 "eat-food" 例程。动物如成功捕获食物，则将食物的能量转化为自身能量（L71–L75）。

13. 定义 "reproduce" 例程和 "mutate" 报告例程。动物积累足够多的能量时（本例设为 150），动物有一定的概率繁殖一个后代。繁殖后母体能量减半，另一半能量转移至后代（L77–L86），且后代的陆地移动能力、视野大小随机发生变异（L88–L93）。

14. 定义 "death" 例程。当能量为负时，动物个体及其视野消亡（L95–L98）。

15. 定义 "replenish-food" 例程。食物在每个循环中将以一定概率补充，在世界中随机出现（L100–L103）。

16. 定义 "avg-eye-size" 报告例程和 "avg-land-mobility" 报告例程，分别计算某类动物的平均视野大小（L105–L108）和平均陆地活动能力（L110–L113）。这两个报告例程在 "Average Eye Size" 图控件中的画笔中分别调用。

17. 回到 "界面" 标签页，设置模型运行参数并运行，观察模型运行的结果（图 26-2）。必要时可调节推进的速度，或手动停止运行。

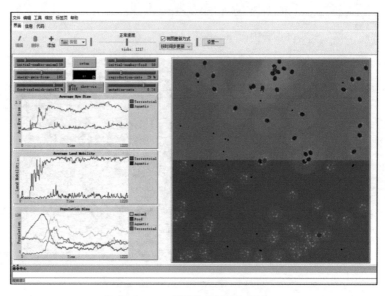

图 26-2 模型运行效果实例

【注意事项】

1. 本模型基于 NetLogo 模型库中的"Vision Evolution"模型修改。

【作业与思考】

1. 拉动各滑块调整参数，观察模拟结果的变化情况。

2. 修改代码中的算法，尝试改变变异的强度和自然选择的方向。

【代码】（电子文件见数字课程）

```
1. breed [fov  a-fov]     ;视野

2. breed [food a-food]    ;食物

3. breed [animal a-animal]   ;待进化的脊椎动物

4.

5. animal-own

6.  [eye-size          ;视野大小 (1 - 5)

7.   land-mobility       ;陆地活动能力 (0 - 1)

8.   energy]           ;动物的能量

9.

10. to setup

11.   clear-all ;清空世界内容

12.   ask patches [ifelse (pycor <= 0)[set pcolor blue][set pcolor brown]] ;海洋和陆地界限

13.   set-default-shape fov "circle"  ;视野范围（圆形）

14.   set-default-shape food "circle" ;食物形状

15.   create-food initial-number-food [

16.    set color black set size 1 setxy random-xcor random-ycor] ;初始食物
```

17.　set-default-shape animal "turtle"; *动物形状*

18.　create-animal initial-number-animal [

19.　　set size 5

20.　　set energy random-float (energy-gain-from-food) ; *初始能量与食物能量一样*

21.　　set eye-size 1 ; *初始为最小视野 1*

22.　　set land-mobility 0 ; *初始为水生，陆地活动能力 0*

23.　　setxy random-xcor −1 * random max-pycor ; *水下随机位置*

24.　　set color 34 − 2 * land-mobility] ; *颜色越深，陆地活动能力越高*

25.　　ask animal [produce-fov] ; *标注视野*

26.　　reset-ticks

27. end

28.

29. to produce-fov ; *标记动物视野*

30.　let rad ifelse-value ycor < 0 [eye-size + 2.5] [eye-size ˆ 2 + 2.5] ; *新增视野半径 rad，海洋和陆地差异较大*

31.　hatch-fov 1 [

32.　　set color ifelse-value show-vision?; *show-vision 打开时，视野不透明度 30%，否则 0%*

33.　　[[155 155 155 30]][[155 155 155 0]]

34.　　set size 2 * rad ; *设置视野直径*

35.　　create-link-from myself [tie]]

36. end

37.

38. to go

39.　if not any? animal [stop] ; *动物灭绝后停止模型*

40.　ask animal [move consume-energy eat-food death reproduce] ; *动物移动、耗能、捕食、死亡、繁殖*

41.　replenish-food tick ; *食物再生，计步*

42. end

43.

44. to move ; *动物移动例程*

45.　let step-size ifelse-value ycor < 0 [1 − land-mobility] [land-mobility] ; *确定动物在水中或陆地的移动距离*

46.　set step-size step-size + random-float 0.1 ; *活动能力增加 0.1 以内的值，避免值为 0 时静止*

47.　let radius ifelse-value ycor < 0 [eye-size + 3] [eye-size ˆ 2 + 3] ; *新增视野半径 radius，海洋和陆地差异较大*

48.   let prey min-one-of (food in-radius radius) [distance myself] ; 选择视野内最近的食物为目标

49.   ifelse prey != nobody ; 如果范围内有食物

50.   [face prey ; 朝向食物

51.   ifelse distance prey < step-size [move-to prey] [fd step-size]] ; 向食物方向移动或至食物位置

52.   [rt random 50 lt random 50 ; 没有食物则随机旋转方向 ±50 度

53.   ifelse can-move? step-size ; 如果没有撞到上下边界，

54.   [fd step-size]   ; 移动步数

55.   [lt random-float 180 fd step-size]] ; 否则掉头，移动步数

56.   ask out-link-neighbors [

57.   set size 2 * radius ; 设置视野直径

58.   set color ifelse-value show-vision?; show-vision 打开时，视野颜色不透明度 30%, 否则 0%

59.   [[155 155 155 30]][[155 155 155 0]]]

60. end

61.

62. to consume-energy ; 耗能例程

63.   ifelse ycor < 0

64.   [set energy energy - land-mobility * 10] ; 水中动物，陆地活动能力越高耗能越大

65.   [set energy energy - (1 - land-mobility) * 10] ; 陆地动物，陆地活动能力越高能耗越低

66.   ifelse ycor < 0

67.   [set energy energy - eye-size * 0.5] ; 同样的视野大小，水中动物更耗能

68.   [set energy energy - eye-size * 0.2] ; 视野耗能

69. end

70.

71. to eat-food ; 捕食例程

72.   let prey one-of food-here ; 捕获一个食物

73.   if prey != nobody ; 如果捕获成功

74.   [ask prey [die] set energy energy + energy-gain-from-food] ; 吃掉食物并获取能量

75. end

76.

77. to reproduce ; 繁殖例程

78.   if energy > 150 and (random 100 < reproduction-rate) [; 能量超过 200 则繁殖

79.   set energy (energy / 2) ; 一半能量传递给新个体

80.   hatch 1 [

81.　　　set eye-size mutate eye-size mutation-rate 1 5 ; *视野变异*

82.　　　set land-mobility mutate land-mobility mutation-rate 0 1 ; *陆地活动能力变异*

83.　　　set color 34 − 2 * land-mobility ; *颜色越深，陆地活动能力越高*

84.　　　produce-fov] ; *标注视野*

85.　　move] ; *移动*

86. end

87.

88. to-report mutate [var rate lower upper] ; *基因突变例程*

89.　　let value (var + random-float (2 * rate) − rate) ; *定义变异规则*

90.　　if value < lower [set value lower] ; *低于下限则设置为下限*

91.　　if value > upper [set value upper] ; *高于上限则设置为上限*

92.　　report value

93. end

94.

95. to death ; *动物死亡例程*

96.　　if energy < 0 [; *如果能量为负，动物及其视野消失*

97.　　　ask out-link-neighbors [die] die]

98. end

99.

100. to replenish-food ; *食物补充例程*

101.　　if random 100 < food-replenish-rate

102.　　　[create-food 1 [set color black setxy random-xcor random-ycor]] ; *产生 1 个食物，坐标随机*

103. end

104.

105. to-report avg-eye-size [agentset] ; *统计平均视野大小例程*

106.　　let val ifelse-value any? agentset ; *对 eye-size 取平均，如不存在该主体则为 1*

107.　　[mean [eye-size] of agentset] [1] report val

108. end

109.

110. to-report avg-land-mobility [agentset] ; *统计平均陆地活动能力例程*

111.　　let val ifelse-value any? agentset ; *对 eye-size 取平均，如不存在该主体则为 0*

112.　　[mean [land-mobility] of agentset] [0] report val

113. end

更多数字资源……

◆ 实验彩色图片　　　◆ 程序代码　　　◆ 作业与思考参考答案

第四部分 ◀

技术支撑实验

实验 27
基于个体的生态学模型和 NetLogo 软件简介

【实验目的】

1. 了解基于个体的生态学模型。
2. 掌握基于个体生态学模型的创建步骤。
3. 掌握 NetLogo 软件使用方法。

【背景与原理】

在了解基于个体的生态学模型之前，首先需要了解什么是模型，为什么要用模型来探究生态学问题。模型一般是用数学语言来描述、反映真实世界的一种方式。自然界的高复杂性以及生命周期的漫长性，导致很多生态学过程无法通过传统实验手段完成。模型简化了生态学过程，将重点聚焦在关注的问题上，依此验证科学假设，探究自然现象背后的潜在机制。同时，模型也可以预测未来几十年、几千年甚至更长时间内生态学过程的发展趋势。

生态学模型一般包括经典的生态学模型和基于个体的生态学模型。经典的生态学模型一般由数学公式表示，即使很简单的自然现象也需要比较复杂的数学公式，对于没有很强数学背景的生态学者而言，很难理解和分析模型。而基于个体的生态学模型则在一定程度上解决了此问题，它强调通过个体水平的动态来涌现更高层次（如种群、群落以及生态系统等）的一些现象和模式。例如，通过模拟每个个体的出生、死亡、迁入、迁出等过程，呈现种群大小和群落分布格局。基于个体的生态学模型简单且易实现，所以成为本书进行模拟和仿真的首选。Grimm 和 Railsback 在 2005 年出版的《Individual-based ecology and modelling》著作中提出了创建模型的过程：凝炼所研究的问题，提出合理的假设，然后选择适合的模型结构（包括一些变量、过程、参数等），在仿真平台（如 NetLogo 软件等）中实现，通过结果分析、验证、修正模型，以达到解决科学问题的目的。

NetLogo 软件是一种可编程建模环境，最初由 Uri Wilensky 在 1999 年创建，目前由美国西北大学的 CCL 中心负责研发。NetLogo 软件的精髓在于"基于主体"，任何操作和被操作的对象都可称为主体，包括 NetLogo 中的 observer、turtle、patch 和 link（将在之后介绍，详见 NetLogo 软件用户手册）。生态学模型中的个体（如森林中的每棵树、鱼群中的每条鱼）就是主体，可以很好地用 NetLogo 软件来模拟。

【教学安排】

本实验建议时长 2~3 h。

【实验用品】

计算机，NetLogo 软件。

【操作步骤】

一、了解 NetLogo 软件

1. 在浏览器打开 NetLogo 官网（https://ccl.northwestern.edu/netlogo/）。

2. 点击"Download NetLogo"根据操作系统及版本号下载并安装 NetLogo；或者点击"Go to NetLogo Web"打开网页版的 NetLogo。

3. 点击官网左边的导航栏查看更多资源。

4. 打开已安装的 NetLogo 软件（图 27–1）。

5. 工具栏点击"文件"菜单，了解常用的文件操作，其中的"模型库"包含了多种学科常见的仿真模型。

6. 点击"编辑"菜单进行查看，其包含最基本的编辑操作。

7. 点击"工具"菜单进行查看，其主要包括主体属性的介绍和 NetLogo 特有的工具。

8. "缩放"菜单主要是对 NetLogo 主屏幕进行放大或缩小。

9. 点击"标签页"菜单进行查看，点击不同的标签，Netlogo 主界面会切换到相应的标签页。

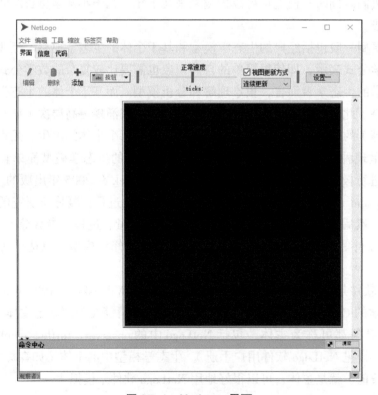

图 27–1 NetLogo 界面

10. 点击"帮助"菜单进行查看，其中包括 NetLogo 用户手册、字典、用户组以及 ABM 模型和当前版本的介绍。

NetLogo 主要由"界面""信息""代码"三部分标签页组成。"界面"标签页中，工具条中的"+"实现控件的添加，通过其后的选择框选择所要添加的控件类型（包括按钮、滑块、开关、选择器、输入框、监视器、图、输出区、注释等）。滑动条控制模型运行速度。"视图更新方式"勾选框决定是否更新世界视图，若勾选此框，则在其下方的下拉列表框中选择更新模式（包括"连续更新"和"按时间步更新"）。"界面"标签页中黑色的二维方框称为"世界"。右键点击世界的任何地方，选择"EDIT"，或者点击工具条上的"设置"，出现如图 27-2 所示的界面，表示世界的属性，包括原点位置、X 和 Y 轴的大小、世界的边界处理情况（包括水平方向回绕和竖直方向回绕）、视图和时间步计数器等内容。

图 27-1 最下面为命令中心，点击左下角的"观察者"，可供选择还有"海龟集""嵌块集"和"链接集"，这四种组成了 NetLogo 的主体。turtle 是可移动的主体，patch 是组成世界的格子，链是连接 turtle 与 turtle 之间、turtle 与 patch 之间或者 patch 与 patch 之间的线。观察者可以修改 turtle、patch 和 link 的属性。可以在"观察者 >"之后输入命令，如"ask patches［set pcolor pink］"，将世界中 patch 的颜色变为粉红色。patch 自身也可以完成同样的功能，选择"嵌块集"，输入命令 set pcolor pink。

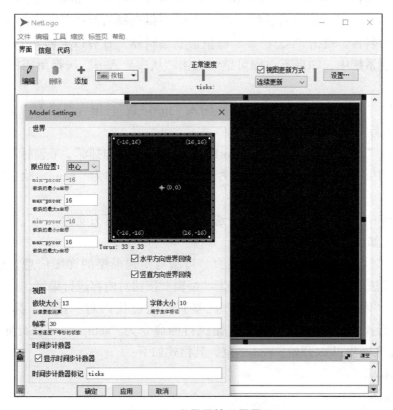

图 27-2　世界属性设置界面

二、新建模型

下面将通过新建一个模型进一步了解 NetLogo 软件及其语法（以 6.2.1 版本为例）。假定世界中存在一种动物（狼），所有个体每次移动 1 个 patch 的距离，每个 patch 只能随机存活一个个体。按照如下操作完成狼种群在世界上的动态过程。

1. "界面"标签页添加控件

（1）选择"按钮"控件（如图 27-3），添加到空白区域，在弹出的对话框的命令区域输入"setup"，显示名称输入"开始"。

（2）再添加一个"按钮"控件，显示名称为"执行"，命令区输入"go"，并勾选"持续执行"选择框。

图 27-3　NetLogo 提供的可供选择的控件类型

此时，这两个按钮的字体为红色，因为它们所执行的命令"setup"和"go"并不是内置命令，也尚未在代码中定义。

（3）添加一个"滑块"控件，全局变量名为"Number"，随意设置最大值、最小值和增量。

（4）添加一个"开关"控件，全局变量名为"Moving"。

（5）添加一个"选择器"控件，全局变量名为"tshape"，选择框中输入"wolf 2""wolf 3""wolf 4""wolf 5"。"tshape"参数指定了此模型中 turtle 的形状（本实验以"狼"的形状为例，读者可自行选择所需形状）。可供选择的形状有多种，"wolf x"是狼的不同形状的名称。点击"工具"–"海龟形状编辑器"查看以上的 turtle 形状是否已经加载到当前系统中，如果不在则可继续点击"从库导入…"选择所需的形状并点击"导入"。

（6）添加"监视器"控件，显示名称输入"turtle 数"，报告器输入"count turtles"，即统计当前世界中的 turtle 个数。

（7）添加"图"空间，名称为"plot1"，X 轴标记为"时间"，Y 轴标记为"狼种群数量"；在图中添加一个绘图笔，颜色为黑色，绘图笔名称为"pen"，绘图笔更新命令为空。

（8）鼠标右键点击任意一个控件，选择"select"，当箭头变为"＋"时可改变控件大小和位置（如图 27-4）。

2. 点击"信息"，在"信息"标签页，可编写所建模型的详细信息，包括模型功能、算法、用法、注意事项等内容。点击"编辑"按钮对内容进行编辑。

3. 点击"代码"，切换至"代码"标签页。通过代码对"界面"标签页定义的各种控件进行操作。例如，"开始"按钮执行的命令为"setup"，可在此定义该例程。NetLogo 中定义例程以 to 开始，end 结束，其格式如下：

1. to 例程名
2. 例程体
3. end

图 27-4　添加步骤 1（1）～1（8）所述的控件后的界面

（1）在"代码"标签页定义"setup"例程对世界进行初始化（参见实验末尾【代码】中的 L3-L11）。首先调用 clear-all 原语（系统自带的例程）清空世界；设置世界的颜色为棕色，pcolor 代表 patch color，是 patch 独有的属性；创建由 Number 参数指定的 turtle 数，create-turtles 是系统自带的原语；所有 turtle 随机分布到世界中，random-xcor 随机产生 x 坐标，random-ycor 随机产生 y 坐标，setxy 原语设置了 turtle 的位置由这两个随机数决定；turtle 的形状由变量 tshape 决定。set 语言完成了赋值操作，其语法格式为"set a b"将 b 赋给 a，此处的 b 可以是一个简单的变量，也可以是一个表达式。"reset-ticks"表示计数器归零。

";"是注释符，表示其之后并在同一行的内容为注释。若想对多行代码添加或取消注释，可选择需要操作的代码，点击"编辑"下的"添加注释/取消注释"；

（2）定义"go"例程（L13-L19）。如果"界面"标签页中定义的开关参数"moving"是"on"的状态，则每个 turtle 向前移动一步，fd 原语表示"forward"，即前进，具体的步数有之后的数字决定；

（3）在"go"例程中调用定义的例程"competition"（L21-L26）检查是否在同一个 patch 上有超过一个的 turtle，如果是则随机保留一个 turtle；

（4）在"go"例程中调用"plot-turtles"例程（L28-L32），完成 turtle 数随时间变化曲线的绘制。如果当前世界中只有一个或没有 turtle，程序终止。"<="是逻辑运算符，表示小于等于。调用 tick 原语，完成计数器加 1；

（5）turtle-num 是全局变量，需在文件开始时定义（L1）。

4. 在"界面"标签页，视图更新方式选为"按时间步更新"，设置各参数的值，依次点击"开始"和"执行"按钮，运行程序效果如图 27-5。

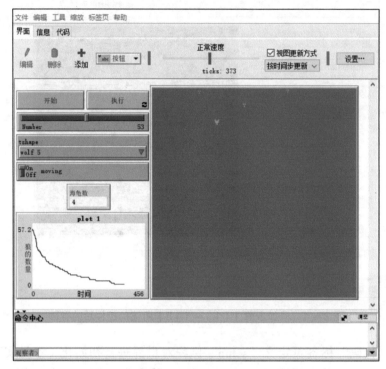

扫描二维码
浏览彩图

图 27-5 程序运行界面

【注意事项】

1. 若运行中出现错误，按提示解决问题。

2. 本节只提供了 NetLogo 软件最基本的内容，可按实际课时拓展内容。

3. 建议学生多练习，加强理解。

4. 本章节及本书所有代码均采用 CodeInWord 进行格式调整（网址：http://www.codeinword.com/）。

【作业与思考】

1. 查看模型库中的模型并运行，比如"狼－羊－草"模型。

2. 查阅关于 NetLogo 的其他资料进行更深入的学习。

3. 自由修改本模型中的任何参数，查看其结果。

【参考文献】

1. Grimm V, Railsback S F. Individual-based Modeling and Ecology［M］. New Jersey：Princeton University Press，2005.

2. Railsback S F, Grimm V. Agent-Based and Individual-Based Modeling［M］. New Jersey：Princeton University Press，2012.

3. 储诚进，林玥，艾得协措，等.基于个体的生态学与建模［M］.北京：高等教育出版社，2020.

【代码】（电子文件见数字课程）

```
4. globals [turtle_num]

5.

6. to setup ; 定义 "开始" 按钮执行的命令体

7.   clear-all ; 清空世界

8.   ask patches [set pcolor brown]; 设置 patch 的颜色为棕色

9.   create-turtles Number ; 创建 Number 个 turtle

10.   ask turtles [

11.     setxy random-xcor random-ycor ; 每个 turtle 在世界中的位置随机

12.     set shape tshape] ;turtle 的形状由在 "界面" 中定义的 tshape 决定

13.   reset-ticks ; 计数器清零

14. end

15.

16. to go ; 定义 "执行" 按钮执行的命令体

17.   if moving[ask turtles[fd 1]] ; 若允许移动, 则每个 turtle 向前移动一步

18.   competition ; 调用此例程

19.   plot-turtles ; 绘制 turtle 数量随时间的变化曲线

20.   if count turtles <= 1 [stop] ; 若只有一个或没有 turtle, 则程序停止

21.   tick ; 计数器加一

22. end

23.

24. to competition

25.   ask patches[

26.     set turtle_num count turtles-here ; 统计目前 patch 上的 turtle 数, 赋给变量 turtle_num

27.     if(turtle_num > 1)[ ; 如果 turtle 数大于 1, 则随机保留其中一个 turtle, 其它被排除

28.       ask n-of (turtle_num - 1) turtles-here [die]]]

29. end

30.

31. to plot-turtles

32.   set-current-plot "plot 1" ; 设定绘图名称

33.   set-current-plot-pen "pen" ; 设定画笔

34.   plot count turtles ; 绘制 turtle 数

35. end
```

更多数字资源⋯⋯

◆ 实验彩色图片　　　◆ 程序代码　　　◆ 作业与思考参考答案

实验 28
同化箱的设计与制作

【实验目的】

1. 了解测定光合作用和呼吸作用的一般原理。

2. 掌握同化箱设计和制作的关键技术。

【背景与原理】

光合作用和呼吸作用是生物代谢的基础过程，一般是通过环境中二氧化碳的变化量测量。测量光合和呼吸作用的仪器较多，受限于测量室规格或尺寸，无法满足测量对象形状、尺寸、类型等多样化的需求，因此在教学科研中往往需要设计和制作匹配的同化箱。

本实验基于闭路法测定二氧化碳通量的一般原理（见实验 17 碳通量的闭路法测定），根据实验需求自制同化箱，为相关教学和科研实验提供技术支撑，同时提升学生制作仪器、改善实验条件的能力。本例同化箱要求如下：

（1）测量对象：较小体积的水果、蔬菜、小型动物等；

（2）同化箱形状：圆柱形，内径 15 cm、高 10 cm。

【教学安排】

本实验建议时长 4 h。

【实验用品】

1. 实验器材

二氧化碳分析器（Li-850，含配套软件 LI-8x0）、计算机、亚克力管（内径 ϕ 15 cm、高 10 cm、厚 5 mm，下封口）、透明亚克力板（直径 16 cm，厚 5 mm）、PU 管（ϕ 6 mm × 4 mm）、空气过滤器、气动快插接头（内径 ϕ 6 mm）、生料带、密封垫。

2. 植物材料

香蕉。

【操作步骤】

本实验使用的同化箱配件、二氧化碳分析器、实验材料以及开孔方式，均可根据实际条件调整和优化。

1. 同化箱箱体制作（图 28-1）

（1）透明亚克力板（顶盖）打孔（根据快插接头穿板直径确定孔径），安装快插接头，螺丝紧固处用生料带缠绕密封。

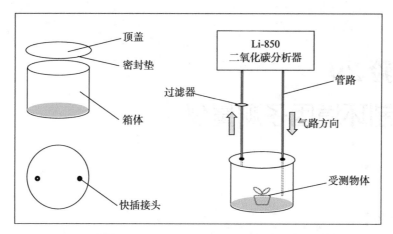

图 28-1　同化箱组成（左上）、顶盖（左下）及连接示意图（右）

（2）顶盖和同化箱体接触面粘贴密封垫，如无密封垫则在测量时用密封胶带缠绕接缝处，确保测量过程不漏气。

（3）用 PU 管连接同化箱与二氧化碳分析器，其中二氧化碳分析器进气端接过滤器，同化箱内进气端管路延长至箱体下部（图 28-1）。

（4）Li-850 二氧化碳分析器开机并预热 10 min，通过数据线连接计算机。计算机安装并运行 LI-8x0 软件，确保气泵已打开。

检查气密性：盖好同化箱顶盖，稳定 1 min 后往同化箱顶盖、各管路接口处吹气，确保读数波动小于 2 ppm。

2. 同化箱测试

取 1 根香蕉放入同化箱，盖上顶盖密封，观察软件界面中二氧化碳浓度的变化曲线，确保能斜率相对稳定。

【注意事项】

1. 本案例被测物体产热低，假定同化箱内外温度一致，实验在培养间或空调房内进行。

2. 同化箱箱体过大、气路气流不足以混匀同化箱内气体时，需额外增加混匀风扇。

3. 同化箱箱体过小、气路气流直吹受测物体时，确保被测物体不产生粉尘，或减小气流速率。

4. 测定光合速率时，若采用外置光源，箱体和顶盖为透明，或者侧面补光；采用内置光源时，同化箱需集成散热或控温模块。

5. 被测物体产热较大时，需增加温控模块；体系湿度大时，建议增加除湿模块，避免水汽凝结干扰二氧化碳信号。

6. 避免长时间测量，以免造成二氧化碳积累，改变受测物体的生理状态。

更多数字资源……

◆ 实验彩色图片　　◆ 程序代码　　◆ 作业与思考参考答案

实验 29
自制环境因子测量仪

【实验目的】

1. 了解环境因子测定的基本原理。

2. 制作环境因子测量仪。

【背景与原理】

随着生态学的迅速发展,新技术和新仪器不断出现。学习和使用这些新仪器,不但能够促进学生对生态学理论知识的了解,同时也可以提升其科研能力。然而目前市场上的大部分生态学监测测量仪器普遍价格昂贵,在一定程度上限制了生态学实验的开展以及学生科研能力的提高。本实验加强实验装置设计、制作能力的培养,在降低教学成本的同时提高了解决实际问题的能力。

本实验基于 ESP8266 模块和 ESPEasy 固件,自制教学用环境因子测量仪(二氧化碳浓度、空气温湿度、照度、大气压等),为后续实验提供设备支持,同时提升学生自制实验仪器的能力。

【教学安排】

本实验建议时长 2 h,测试过程可安排在课外。

【实验用品】

ESP8266 无线模块(NodeMcu V3)、二氧化碳传感器(MH–Z19)、空气温湿度传感器(DHT12)、大气压传感器(BMP280)、光照传感器(BH1750)、I2C OLED 显示屏(SSD1306)、颗粒物传感器(PMS5003)、杜邦线、剥线器、数据线(micro–USB)、计算机、无线路由器。

【操作步骤】

1. 固件准备:从 ESPEasy 官方网站下载最新的 ESPEasy 固件,并解压到本地计算机。

2. 连接:用数据线将 8266 模块与计算机连接,驱动自动安装完成后,记住计算机分配的串口号(如 COM2)。

3. 刷写固件:运行刷写工具"FlashESP8266.exe",选择正确的串口号刷入固件(本例为 ESP_Easy_mega_20211224_normal_ESP8266_4M1M_VCC.bin)。

4. 连接无线模块热点:完成刷写后点按 RST 按钮重启,电脑(或手机)连接"ESP_"前缀的热点(默认密码:configesp)。浏览器打开模块 IP 地址"192.168.4.1",

页面中查找并连接局域网无线网络。连接后将显示路由器给模块分配的新 IP 地址（本例为 192.168.123.178，如未跳转显示 IP 地址，可进入路由器界面查找或通过 FING 等 APP 查看）。

5. 打开模块 web 界面：浏览器打开网址 192.168.123.178，即可进入模块的 web 界面，显示和设置模块信息。

6. 连接传感器及屏幕：点击"Devices"进入外设接入界面，按照说明分别将传感器接入 ESP8266 模块：192.168.123.178/devices。ESP8266 模块各数据针脚定义如图 29-1（a），不同版本模块的字母简写可能有变动，本例使用的针脚主要包括数据接口（如 GPIO）和供电接口（如 3V3、GND、VU 等），各模块或传感器的接线方式参考图 29-1（b）。

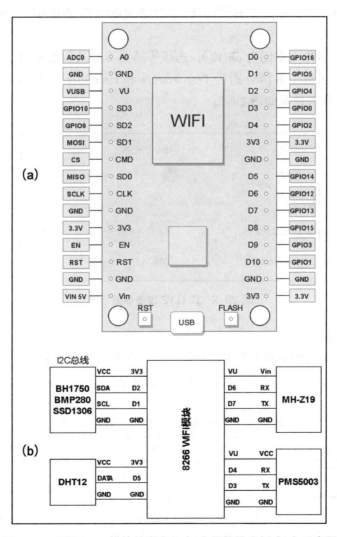

图 29-1　ESP8266 模块针脚定义（a）及接线实例（b）示意图

（1）温湿度传感器

① 按照表 29-1 的定义，将传感器与 ESP8266 模块连接，各针脚在电路板上均有说明。

表 29-1　ESP8266 与 DHT12 接线定义实例

配件名称	ESP8266	DHT12
供电（＋）	3V3	VCC（＋）
供电（－）	GND	GND（－）
数　据	D5（GPIO14，可自定义）	DATA（OUT）

② 点击 Add，"Device"选择"DHT11/12/22 SONOFF2301/7021"，进入传感器参数设置界面。

③ 输入设备名称（本例为 dht12），选择传感器型号及数据接口，采样间隔设置为10 秒，输入参数名称（本例分别为 Temperature 和 Humidity），复选"Enabled"，点击"Submit"提交。参考设置如图 29-2。

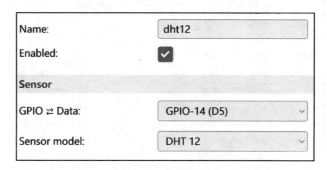

图 29-2　DHT12 设备参数示例

（2）光照传感器

① 光照传感器 BH1750 支持 I2C 总线协议，本例以默认参数定义 8266 模块的总线接口（D1：SCL；D2：SDA），接线方式参考表 29-2。

表 29-2　ESP8266 与 BH1750 接线定义实例

配件名称	ESP8266	BH1750
供电（＋）	3V3	VCC
供电（－）	GND	GND
时钟	D1（GPIO5）	SCL
数据	D2（GPIO4）	SDA

② 点击 Add，"Device"选择"BH1750"，进入传感器参数设置界面。

③ 输入设备名称（本例为 bh1750），选择传感器型号及数据接口，采样间隔设置为 10 秒，输入参数名称（本例为 Lux），复选"Enabled"，点击"Submit"提交。参考设置如图 29-3。

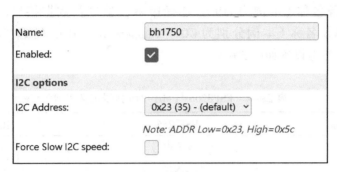

图 29-3　BH1750 设备参数示例

（3）大气压传感器

① 大气压传感器（BMP280）支持 I2C 总线协议，本例以默认参数定义 8266 模块的总线接口（D1：SCL；D2：SDA），接线方式参考表 29-3。

表 29-3　ESP8266 与 BMP280 接线定义实例

配件名称	ESP8266	BMP280
供电（＋）	3V3	VCC
供电（－）	GND	GND
时　钟	D1（GPIO5）	SCL
数　据	D2（GPIO4）	SDA

② 点击 Add，"Device"选择"BMX280"，进入传感器参数设置界面。

③ 输入设备名称（本例为 pressure），选择传感器型号及数据接口，采样间隔设置为 10 秒，输入参数名称（本例分别为 Temperature、Humidity、Pressure），复选"Enabled"，点击"Submit"提交。参考设置如图 29-4。

```
Name:                    pressure
Enabled:                 ✔
I2C options
I2C Address:             0x76 (118) - (default)  ▾
Force Slow I2C speed:    ☐
```

图 29-4　BMP280 设备参数示例

（4）二氧化碳传感器

① 二氧化碳传感器（MH-Z19）为 5 V 供电；支持串口协议，占用两个 GPIO 接口，本例以 D6 和 D7 为例，接线方式参考表 29-4。

② 点击 Add，"Device"选择"MH-Z19"，进入传感器参数设置界面。

③ 输入设备名称（本例为 z19），选择传感器型号及数据接口，采样间隔设置为 30 s，输入参数名称（本例分别为 CO_2、Temperature、U），复选"Enabled"，点击"Submit"提交。参考设置如图 29-5。

表 29-4　ESP8266 与 MH-Z19 接线定义实例

配件名称	ESP8266	MH-Z19
供电（+）	5 V（VU）	VCC
供电（-）	GND	GND
收发 1	D6（GPIO12，可自定义）	RX
收发 2	D7（GPIO13，可自定义）	TX

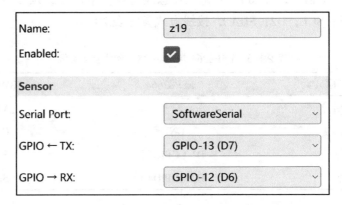

图 29-5　MH-Z19 设备参数示例

（5）颗粒物传感器

① 二氧化碳传感器（PMS5003）为 5 V 供电；支持串口协议，占用两个 GPIO 接口，本例以 D4 和 D3 为例，接线方式参考表 29-5。

表 29-5　ESP8266 与 PMS5003 接线定义实例

配件名称	ESP8266	PMS5003
供电（+）	5 V（VU）	VCC
供电（-）	GND	GND
收发 1	D4（GPIO2，可自定义）	RX
收发 2	D3（GPIO0，可自定义）	TX

② 点击 Add，"Device"选择"PMSx003/PMSx003ST"，进入传感器参数设置界面。

③ 输入设备名称（本例为 pm），选择传感器型号及数据接口，采样间隔设置为 30 秒，输入参数名称（本例默认为 pm1.0、pm2.5、pm10），复选"Enabled"，点击 "Submit"提交。参考设置如图 29-6。

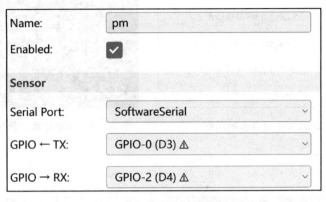

图 29-6　PMS5003 设备参数示例

（6）显示屏模块

① OLED 显示屏（SSD1306）支持 I2C 总线协议，本例以默认参数定义 8266 模块 的总线接口（D1：SCL；D2：SDA），接线方式参考表 29-6。

表 29-6　ESP8266 与 SSD1306 接线定义实例

配件名称	ESP8266	SSD1306
供电（＋）	3V3	VCC
供电（－）	GND	GND
时　钟	D1（GPIO5）	SCL
数　据	D2（GPIO4）	SDA

② 点击 Add，"Device"选择"SSD1306"，进入传感器参数设置界面；

③ 输入设备名称（本例为 oled），根据文档说明设置要显示的内容（www.letscontrolit. com/wiki/index.php?title＝OLEDDisplay，示例：［设备名＃参数名］），复选"Enabled"，点击"Submit"提交。参考设置如图 29-7。

7. 检查屏幕输出和网页端 Devices 页面的数值是否正常。完成所有设备的接入，屏幕显示效果如图 29-8，网页端显示效果如图 29-9。

8. 效果测试：测量教室 / 实验室内的以上环境要素，记录上下课期间环境因子的变化趋势；重点观察不同二氧化碳浓度值积累下人体的主观感受。

【作业与思考】

1. 可通过"Controller"菜单中设置服务器地址，将数据自动发送至服务器实现自

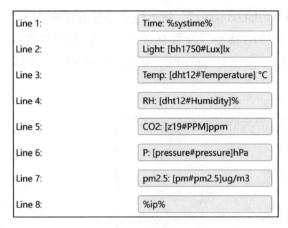

Line 1: Time: %systime%
Line 2: Light: [bh1750#Lux]lx
Line 3: Temp: [dht12#Temperature] °C
Line 4: RH: [dht12#Humidity]%
Line 5: CO2: [z19#PPM]ppm
Line 6: P: [pressure#pressure]hPa
Line 7: pm2.5: [pm#pm2.5]ug/m3
Line 8: %ip%

图 29–7　SSD1306 设备参数示例

Time: 11:42:23
Light: 243.33lx
Temp: 24.00 °C
RH: 16.00%
CO2: 930.00ppm
P: 841.16hPa
pm2.5: 42.7ug/m3
192.168.123.129

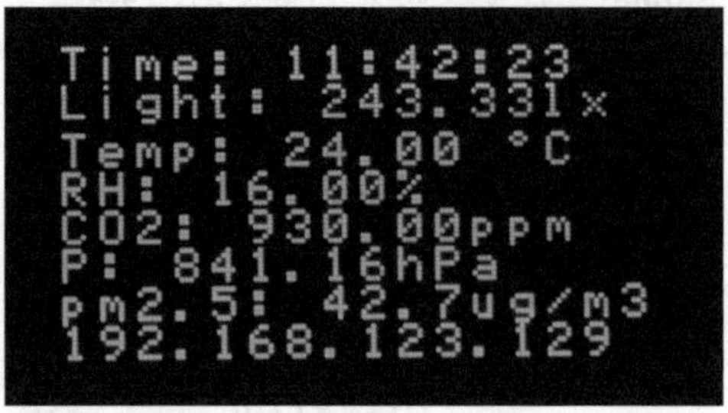

图 29–8　自制环境测量仪屏幕显示效果图

ESP Easy Mega: TEST_A

Main　Config　Controllers　Hardware　Devices　Rules　Tools

	Task	Enabled	Device	Name	Port	Ctr (IDX)	GPIO	Values
Edit	1	✓	Environment - DHT11/12/22 SONOFF2301/7021	dht12			GPIO-14 (D5)	Temperature: 24.00 Humidity: 16.00
Edit	2	✓	Light/Lux - BH1750	bh1750	I2C		SDA: GPIO-4 (D2) SCL: GPIO-5 (D1)	Lux: 384.17
Edit	3	✓	Gases - CO2 MH-Z19	z19	SoftwareSerial		RX: GPIO-13 (D7) TX: GPIO-12 (D6)	PPM: 607.00 Temperature: 25.00 U: 6912.00
Edit	4	✓	Environment - BMx280	pressure	I2C		SDA: GPIO-4 (D2) SCL: GPIO-5 (D1)	Temperature: 25.15 Humidity: 0.00 Pressure: 837.73
Edit	5	✓	Display - OLED SSD1306	oled	I2C		SDA: GPIO-4 (D2) SCL: GPIO-5 (D1) Btn: -	
Edit	6	✓	Dust - PMSx003 / PMSx003ST	pm	SoftwareSerial		RX: GPIO-0 (D3) TX: GPIO-2 (D4) RST: - SET: -	pm1.0: 4.3 pm2.5: 5.8 pm10: 6.8

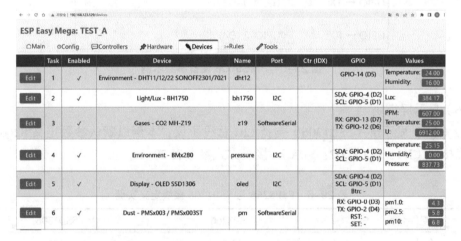

图 29–9　自制环境测量仪 web 端显示效果示例

动记录。

2. 改变传感器连接的 GPIO 接口，重新调整设置确保数值正常。

更多数字资源……

◆ 实验彩色图片　　◆ 程序代码　　◆ 作业与思考参考答案

实验 30
基于 Image J 软件的比叶面积计算

【实验目的】

1. 了解叶面积和比叶面积的生态学意义。

2. 掌握 Image J 软件计算叶面积和比叶面积的方法。

【背景与原理】

叶片是植物进行光合作用的主要器官，其性状特征影响植物的生存、生长与发育。精确而快速测定植物的叶片面积，是研究叶面积相关的生理生态指标的基础。例如，光合速率、蒸腾速率、气孔导度、气孔密度、叶面积指数、比叶面积等生理生态指标，均需要在精确测量叶面积的基础上进行计算。

数字化技术普及之前，精确测量叶面积最常用的方法主要为描形数格法。把待测叶片平铺在方格纸（计算纸）上，用铅笔沿叶缘描出叶形轮廓，数出叶形所占方格数。一般最小方格单位为 1 mm²，部分覆盖的方格以四舍五入计数，所数方格数即为该叶片面积（mm²）。基于数字化技术的叶面积测量基本原理与描形数格法一致，即在已知分辨率的数码照片中，以像素点代替方格纸中的方格（像素面积远小于传统的方格），使叶面积的计算效率和精度大大提高。叶面积的数字化测量流程如下：①在扫描仪面板中平铺叶片；②以设定的分辨率（如 300 dpi，即 300 像素/英寸，其中 1 英寸 = 2.54 cm）扫描叶片；③根据叶片的颜色，设置叶片像素点的阈值，获取叶片的轮廓和像素点数量；④结合叶片的实际特征，设置叶片轮廓的筛选规则，过滤噪点；⑤计算扫描叶片的叶面积。

本实验以 Image J 软件为例，以固定分辨率（300 dpi）扫描叶片，处理并分析叶片扫描影像，实现叶面积的精确测量及比叶面积（specific leaf area，SLA）的计算。

【教学安排】

本实验建议时长 1 h。

【实验用品】

1. 实验器材

扫描仪（佳能 LiDE 110）、Image J 软件、天平、烘箱、信封。

2. 实验材料

植物叶片（本例为蒲公英、赖草）。

【操作步骤】

1. 扫描准备：采集蒲公英和赖草的新鲜叶片各 15 片，清除叶片表面污渍后分物种平铺至扫描面板。如叶片过长可剪成多段。

2. 文件准备：以 300dpi 扫描植物叶片，保存为后缀为 .jpg 的文件（如"蒲公英 .jpg"）。

3. 软件准备：下载 Image J 并安装（http://imagej.nih.gov/ij/download.html）。

4. 导入图片：以拖拽、菜单栏等方式，在 Image J 中打开叶片图片（如"蒲公英 .jpg"）。

5. 调整格式：依次选择 Image–Type–8bit，将图片格式设置为 8–bit。

6. 调整阈值：依次选择 Image – Adjust –Threshold，根据叶片特征拉动滑块调整阈值，点击 Apply（图 30–1）。

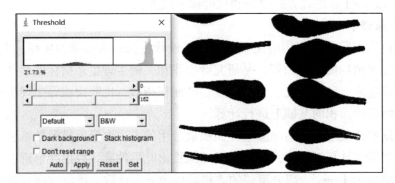

图 30–1 阈值设置及图片效果（蒲公英）

7. 设置空间比例：依次点击 Analyze – Set Scale。300 dpi = 300 pix/inch = 300 pix/25.4 mm，因此分别设置数值为 300、25.4、1、mm，选中 Global 复选框，点击"OK"（图 30–2）。

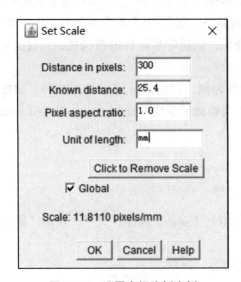

图 30–2 设置空间比例实例

8. 计算叶面积（*S*）：依次点击 Analyze -> Analyze particles，导出或记录结果。提示：Size 可以设置为 100 或更大的起始值，过滤非目标的小杂质；因为叶片不是圆形，可以调小 Circularity 的最大值；show 选择 Outlines 实时查看计算结果（图 30-3）。可以通过扫描叶片数（count）与实际叶片数检查匹配是否正确。

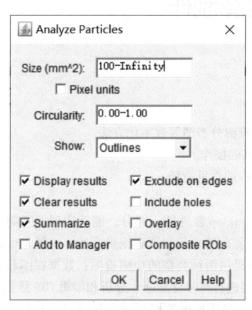

图 30-3　计算全页叶片面积参数实例

9. 称量（*m*）：将扫描完成的植物叶片分物种装入信封，烘干并称其质量。

10. 计算比叶面积：按照公式 SLA = *S*/*m*，分别计算蒲公英和赖草的比叶面积。

【作业与思考】

1. 其他计算方法可参考 Image J 帮助文档的说明。

2. 可用黑笔在白纸上涂上 2 cm × 2 cm、3 cm × 3 cm 等已知面积的黑色方块，进行面积校准或结果验证。

3. 比较蒲公英和赖草的比叶面积的差异，讨论其生态学意义。

更多数字资源⋯⋯

◆ 实验彩色图片　　◆ 程序代码　　◆ 作业与思考参考答案

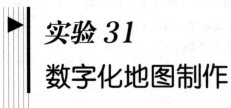

实验 31
数字化地图制作

【实验目的】

1. 掌握平面地图、资源分布图等数字化方法。

2. 熟悉 ArcMap 的基础操作。

3. 了解影像数据获取的常见途径。

【背景与原理】

ArcMap 是 ArcGIS Desktop 软件的一部分,能够实现地图制图、地图编辑、地图分析等功能。ArcMap 包含复杂的专业制图和编辑系统,它既是面向对象的编辑器,又是数据表生成器。ArcMap 提供两种类型的地图视图:数据视图和布局视图。在数据视图中,用户可以对地理图层进行符号化显示、分析和编辑 GIS 数据集。在布局视图中,用户可以处理地图的页面,包括地理数据视图和其他数据元素,如图例、比例尺、指北针等。

数字化地图是校园信息化的重要组成部分,开辟了学校对外宣传、校容校貌展示的全新途径。作为位置信息及资源分布状况的展示及发布,数字化地图还将在学校的教学、科研、管理工作发挥支撑作用。为了直观展示校园内的各种设施、场馆以及资源分布情况,本实验利用 ArcMap 制作一幅校园数字化地图。制作过程涉及 ArcGIS 的文件组织形式、空间数据库管理和建库、图形编辑、专题图制作等功能。

【教学安排】

本实验建议时长 4 h。

【实验用品】

1. 实验器材

航拍飞行器,计算机,GPS 记录仪。

2. 软件

ArcMap 10.6(ESRI),PhotoScan(Agisoft),Photoshop CC(Adobe)。

【操作步骤】

1. 获取底图数据

(1)通过飞控软件(本例程:DJI Pilot)规划飞行器航线,设置飞行高度、航向和旁向重叠率等飞行参数,确保采集的影像覆盖校园数字化地图的范围。

(2)利用 PhotoScan(也可用 Photoshop 等工具)对影像数据进行拼接,生成并导出校园正射影像。

（3）利用 Photoshop 等图像编辑软件将拼接好的影像剪裁为所需大小，作为校园数字化地图的底图。

当硬件设备、软件条件或飞行条件受限时，可选通过以下方案获取校园底图数据：

① 通过地图运营商或发布平台提供的卫星影像获取校园底图。

② 通过校内相关网站下载学校公开发布的平面电子地图。

③ 利用扫描仪、相机等设备将校园纸质地图数字化为底图。

2. 采集地理信息

（1）采集控制点信息。根据校园底图所示，选择空旷、特征明显的地点作为控制点，利用 GPS 记录仪精确记录经纬度信息并编号（如无 GPS 记录仪，则可用带 GPS 定位功能的手机替代）。至少记录 5 个控制点信息。

（2）采集要素信息。采集校园内各设施、道路的名称，并对地表植被、覆盖物类型进行记录。

3. 运行环境配置

（1）安装 ArcGIS Desktop（本例程：10.6 版 + 中文语言包），打开 ArcMap 程序，新建空白地图并保存工程至工作目录。

（2）依次打开 ArcMap 菜单栏的"自定义"–"工具条"–"自定义"，勾选"地理配准""编辑器"等工具，"确定"后使其在工具栏显示以便使用（图 31-1）。

（3）点击工具栏中"标准工具"的"目录"图标①–点击"连接到文件夹"图标②，定位至工程目录，本例程目录为"本部"（图 31-2）。

图 31-1　工具栏设置界面

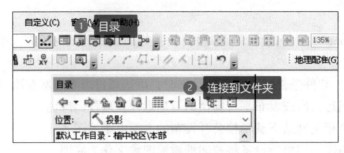

图 31-2 连接到文件夹步骤

（4）依次点击菜单栏的"视图"-"数据框属性"，将工程的坐标系设置为所需的格式。本例程采用 wgs1984 投影坐标系（WGS_1984_UTM_Zone_50N，图 31-3）。

图 31-3 坐标系设置界面

4. 校园底图的地理配准

（1）把校园底图加载到 ArcMap，地理配准工具被激活；将地理配准工具条的地理配准菜单"自动校正"取消勾选①；激活添加控制点图标②（图 31-4）。

（2）找到已知坐标的控制点并放大底图，左键精确点击控制点，然后右键调出菜单，选择"输入 X 和 Y"（图 31-5），输入控制点实际经纬度信息（X：经度；Y：纬度）。重复该步骤完成所有控制点坐标的录入。

（3）点击地理配准菜单中的"更新显示"，完成地理配准过程；在内容列表中右键点击底图图层，在菜单中点击"缩放至图层"，即可正确显示配准后的底图。

5. 底图数字化

（1）在"目录"窗口中（参考上述"运行环境配置"的步骤3），右键点击保存图层的文件夹-"新建"-"Shapefile（S）"，输入名称、选择要素类型并点击编辑选择坐标系。点击"确定"新建一个要素图层，用同样的方法创建其他图层（图 31-6）。

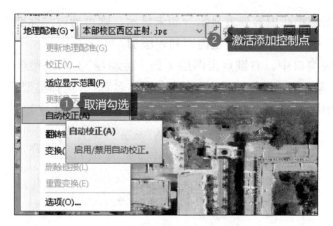

图 31-4　地理配准工具设置

图 31-5　添加控制点界面

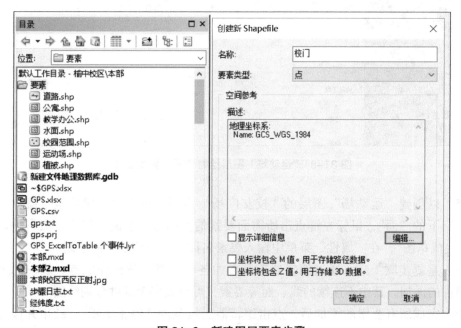

图 31-6　新建图层要素步骤

（2）创建的图层将在内容列表显示。如未显示，则可通过"标准工具"的"添加数据"或将"目录"中的文件夹拖拽至内容列表添加。

（3）内容列表窗口中，右键点击图层（如"运动场"）调出菜单 – 选择"打开属性表" – "表选项"菜单 – "添加字段"，输入名称"名称"、选择类型"文本"，点击"确定"添加字段。用同样的方法为其他图层添加所需字段（图31-7）。

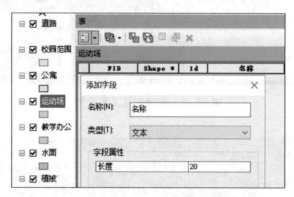

图 31-7 "运动场"图层添加"名称"字段

（4）点击编辑器工具条中的"开始编辑"，数字化工具被激活。点击工具条中的"创建要素"和"属性"，出现相应的窗口（图31-8）。

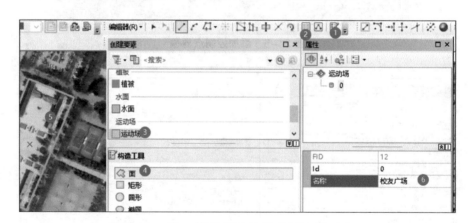

图 31-8 "运动场"图层绘制"面"要素步骤

（5）以创建"运动场"图层的"校友广场"为例，点击"创建要素"窗口中"构造工具"下的"面"，鼠标左键点击所需面要素的各端点，绘制完毕后，点右键调出菜单 – "完成草图"，在"属性"菜单中输入要素名称，完成该要素的绘制。

（6）重复步骤（5），通过编辑器工具条的各项工具，依次完成点、线、面等各要素、部件的添加。其中不连续的线、面等要素，可分成多个部件分别绘制。

（7）完成所有要素的添加后，点击编辑器工具条的"停止编辑"，结束并保存绘制内容。"内容列表"中取消底图的复选框使其隐藏，至此完成了校园地图各要素的数字化（图 31-9）。

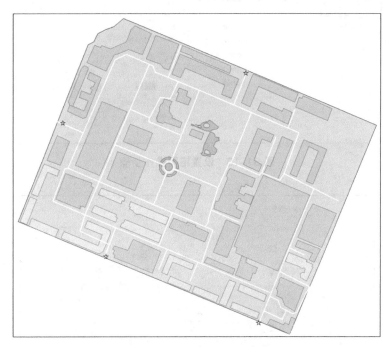

扫描二维码
浏览彩图

图 31-9 生成的数字化地图

6. 地图优化显示

（1）通过点击"内容列表"各图层名称下的图案，更改颜色、大小、边框以及形状等参数，调整各图层的显示效果。

（2）"内容列表"中点击"按绘制顺序列出"，通过鼠标拖拽调整各图层的显示顺序，确保遮挡合理。

（3）"内容列表"中右键点击图层名称 – "属性" – "标注" – "标注字段"选择"名称" – 调整字体格式、放置属性等参数。

（4）点击菜单栏 – "视图" – "布局视图"，切换至布局视图。

（5）点击菜单栏 – "文件" – "页面和打印设置"，调整页面大小、比例与数字化地图一致。

（6）选中数据框，调整数据窗口边界及地图缩放比例，使数据化地图与页面大小显示协调。

（7）右键点击数据框 – "属性" – "格网" – "新建格网" – "经纬网" – 经度和纬度间隔 10 秒 – 其他按默认参数，创建经纬网网格。选中"经纬网" – "属性" – "标注"中"标注方向"选中左、右 – "线"选中"显示为刻度网格" – "确定"（图 31-10）。

（8）菜单栏 – "插入"，分别插入"图例"、"指北针"和"比例尺"，根据需要修改控件的相关属性，完成地图的优化显示。

（9）通过菜单栏的"文件" – "导出"功能，导出需要的地图格式（图 31-11）。

图 31-10 设置格网操作步骤

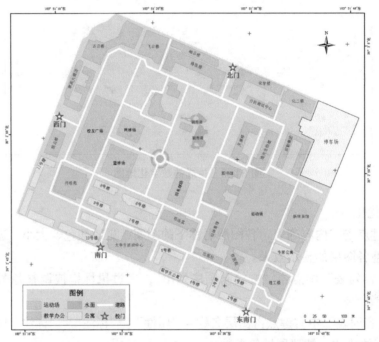

图 31-11 兰州大学城关校区西区校园数字化地图实例

扫描二维码
浏览彩图

【作业与思考】

1. 基于本实验的数字化校园地图，对感兴趣的面要素进行面积计算，如水面、运动场、绿地等。

参考步骤：右键点击内容列表中的图层 –"打开属性表" – "表选项" – "添加字段" – "名称" 填 "面积"，确认添加字段；右键点击新建的列标题 – "计算几何" – 选择合适的面积单位，计算各要素的投影面积。

更多数字资源……

◆ 实验彩色图片　　　◆ 程序代码　　　◆ 作业与思考参考答案

实验 32
生态系统的全景影像制作及 VR 展示

【实验目的】

1. 利用 VR 技术展示生态系统类型。
2. 熟悉 VR 影像的制作流程。
3. 了解天地图网页 API 的应用。

【背景与原理】

野外实习作为生态学教学中不可分割的重要组成部分，是理论联系实际，巩固和加深课堂教学内容的重要环节。传统野外实习往往受地域、交通、时间以及经费等因素的限制，覆盖的生态系统类型极其有限，且投入的人力、物力远远高于室内教学实验。将虚拟现实（virtual reality，VR）技术应用于实践教学，能够打破时空限制、规避野外未知风险、节约野外实践成本、拓展观察视野、参与机会平等，涵盖最大范围的生态系统类型，有助于生态学野外实践教学的信息化、多元化。

VR 影像是一种 360° 的全景照片，可以随意旋转与缩放，从不同角度观察生态系统的景象，实现身临其境的感受。全景影像是由多张照片拼接而成，相邻两张图片有一定的重叠区域，可利用 PTGui 等全景拼接软件，自动识别重叠部分并依次连接拼成一张图片。为了保证全景影像的合成效果，相邻（垂直和水平）两张照片的重叠区域至少需要 25%。拍摄不同角度的原始照片时，相机使用的镜头焦距越小，取景范围越大，拍摄 360°（转一圈）景物所需的图片数量就越少。除了朝上和朝下的两张照片，常用镜头焦距与所需照片张数可以在以下表格（表 32-1）的基础上，根据实际设备进行改进。

表 32-1　常用焦距合成全景影像拍摄张数参考

镜头焦距	拍摄张数（不含上下两张）	每张拍摄转动角度
8 mm 鱼眼镜头	4	90°
12 mm 鱼眼镜头	5	72°
14 mm 鱼眼镜头	6	60°
15 mm 鱼眼镜头	6	60°
16 mm 鱼眼镜头	6	60°
18 mm 标准镜头	8+8+8（三圈）	45°
24 mm 标准镜头	10+10+10（三圈）	36°

VR 全景影像可转换成 HTML 兼容的格式，实现全景影像的网络发布，供手机或 PC 等客户端浏览使用。通过电子地图的 API 接口，即可将 VR 影像的坐标加载至卫星地图上，实现卫星影像与地面影像相结合，在区域和局域尺度展示多种生态系统类型的特征及其分布特点。

【教学安排】

本实验建议时长 4 h。

【实验用品】

1. 实验器材

航拍飞行器（DJI Mavic Air 2），手机（安装 DJI Fly），计算机。

2. 应用软件

PTGui，Pano2vr，Photoshop CC，网站发布环境（PhpStudy2018）。

【操作步骤】

1. 确定影像采集地点

本实验以航拍的方法为例。选择特定生态系统类型的代表性区域，注意避开机场、机关单位、政府、监狱、军事基地以及人口稠密区等禁飞区域，必要时申请报备。避免近水面飞行，水面的光线反射将干扰下视距离测定。

2. 原始照片的采集

（1）起飞准备。确保飞行器电池、桨叶安装正确，取下镜头保护罩，通过数据线将遥控器连接至手机。手机开启定位功能及飞控软件（DJI Fly），依次打开遥控器和飞行器，检查图传、自检是否正常。起飞点尽量平整干净，必要时在地面放置平整的硬板。

（2）飞行及拍照。飞行至适宜点位后悬停。在飞控软件界面的拍照功能中，点击"拍照模式 – 全景 – 球形"，根据进度提示完成全景照片的采集。按飞行器操作说明返航，完成室外影像的采集。一个场景（生态系统）可拍多套全景照片，也可拍摄短视频、单拍照片突出热点区域。

（3）导出照片素材。将飞行器与计算机连接，导出全景影像。以 Mavic Air 2 为例，全景照片包含了自动合成的球形全景影像 1 张（如位于"100MEDIA"目录，包含相关视频、单拍照片等），以及原始影像 26 张（如位于"PANORAMA\100 米"目录）。如直接使用自动合成的全景影像，则直接跳转至步骤 4。

3. 全景影像的合成

飞行器自动合成的全景影像分辨率较低，且可能存在接缝不理想的情况。因此对于画质要求较高，或者通过三脚架地面手动拍照的全景项目，则需要利用原始照片后期合成全景影像。

（1）色彩调整。根据实际拍摄效果确定是否执行该步骤，本例利用 Photoshop 完成："菜单" – "打开" – 选择所有原始照片后"确定" – 根据需要调整照片色彩参数 – 左侧窗口全选打开的照片 – "同步设置" – "存储图像" – 设置存储参数（如 jpg 格式、12 品质、300 dpi 等）保存至指定文件夹（图 32–1）。

扫描二维码
浏览彩图

图 32-1　色彩参数调整界面

（2）合成全景影像。用 PTGui 拼接："加载影像"-"对齐影像"-预览或编辑后"创建全景"-设置保存参数后"创建全景"，完成全景影像的合成。受飞行器镜头角度的限制，天空部分并不完整（图 32-2）。

扫描二维码
浏览彩图

图 32-2　天空不完整的全景影像

（3）补充天空。用 Photoshop 完成：打开合成的全景影像（如：巴丹吉林 .jpg）-菜单栏"滤镜"-"扭曲"-"极坐标"-"平面坐标到极坐标"-"确定"-利用多边形选择工具选择中心黑色空白区域-菜单栏"编辑"-"内容识别填充"-仅标记天空为取样区域（图 32-3）-"确定"-取消选择-菜单栏"滤镜"-"扭曲"-"极坐标"-"极坐标到平面坐标"-"确定"-保存补完天空的全景影像。如有条件，飞行器拍照时可以通过鱼眼镜头采集实际的天空，用于天空的填充。

4. web 化全景影像

全景影像的 web 化通过 Pano2VR 完成。

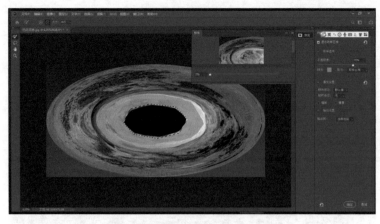

图 32-3 内容识别填充参考设置

（1）导入全景影像。点击工具栏的"输入"，导入生态系统包含的所有全景影像，全景影像将在软件界面下方预览窗口中显示。

（2）设置影像参数。预览窗口中选中拟编辑的影像，在软件界面左侧窗口中设置"查看参数""用户数据"等参数。可通过右键点击中心窗口的图像快速设置默认视图。

（3）添加热点。菜单栏"元素"–"热点"–拉动图像到实际热点区域并双击–左侧窗口设置热点属性（其中"类型"选择视频或图像，"source"选择文件，"链接目标网址"定位至实际视频或单拍照片），按需要完成该全景影像的热点设置。如有多个全景影像，则重复上述步骤（2）和（3）完成所有全景影像和热点的添加。

（4）全景影像链接。如同一项目有多个全景影像，则需在全景影像中互相链接。可通过菜单栏"游览"或拖拽预览窗口中的影像至中心窗口的图像中，完成全景影像的自动或手动链接。

（5）导出 web 化全景影像。右侧输出窗口点击加号–"HTML5"–设置旋转、动画等子菜单参数–选择输出文件夹–点击"输出"右侧的"Generate Output"按钮，等待完成（图 32-4）。

图 32-4 Pano2VR 软件生成 web 格式全景影像

（6）查看效果。输出完成后，将自动在本地生成 web 服务器，并跳出浏览器打开生成的 web 项目。可通过重复上述步骤（1）至（6），进一步完善 web 化全景影像。

5. 全景影像 web 发布

因代码安全的限制，生成的 web 全景影像无法直接用浏览器打开，需依托 web 服务器发布后打开。本例中以 PhpStudy2018 绿色版为例部署。

（1）网站部署。将"PhpStudy2018"部署至指定目录，如"D:\phpStudy"；软件界面 –"其他菜单选项"–"phpStudy 设置"–"端口常规设置"– 完成端口、路径等相关参数的设置 –"应用"– 返回软件界面点击"重启"，若无报错则完成网站环境的部署（图 32-5）。如 windows 开启了防火墙，则另需放行相关端口（本例为 80 端口）。

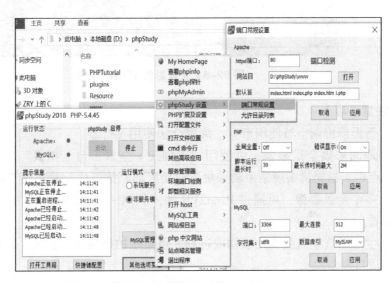

图 32-5　网站部署设置（phpStudy）

（2）资源发布。将 web 化的全景影像目录复制到于网站目录，如本例为"D:\phpStudy\www\bdjl"，浏览器打开地址 http://127.0.0.1/bdjl，确定 web 化全景影像正常加载。

（3）在线 VR 展示。可通过访问 http:// 本机 IP:端口 /bdjl，实现 VR 影像的全网展示（公网 IP 或端口转发）或局域网展示（局域网 IP）。其中端口为 80 时可不输入端口号。

6. 加载天地图

（1）申请天地图 key。参考步骤：通过天地图官方网站注册账号 –"个人中心"–"开发资源"–"控制台"–"创建新应用"– 创建并生成浏览器端的 key（字符串，替换下文代码中的"yourkey"）。

（2）打开文本编辑工具（如记事本）– 输入网页代码（参见实验末尾【代码】，在线下载地址：210.26.48.25:89/sample.txt），替换其中的"yourkey"– 保存为 html 格式的文件（本例为 D:\phpStudy\www\index.html）。

（3）地图发布。通过 IP 地址即可访问地图（如 http://127.0.0.1），并完成全景影像的悬停显示、点击跳转（图 32-6）。

扫描二维码
浏览彩图

图 32-6 全景影像 VR 展示效果

【注意事项】

1. 需提前协调空域使用事宜，确保合法使用飞行器。

2. 地面采集全景影像，可使用"三脚架 + 全景云台 + 相机"的方式代替无人机，对齐节点后，根据镜头规格手动采集不同角度的原始照片，并完成"补地"步骤。

3. 多个全景影像，可通过 Pano2VR 加入到同一个 HTML 项目中，实现不同点位全景的查看。

4. 生态系统中需强调的事物或过程，可重点拍摄局部的视频、照片，加入到 HTML 格式的项目发布。

5. 本实验中涉及的方法和使用的软件仅供参考，图像处理、拼接、格式转化以及资源发布，均可以通过多种途径或工具实现。请提前软件试用或购买正版授权。

【代码】（电子文件见数字课程）

1. <!DOCTYPE html>

2. <html>

3. <head>

4. <meta charset="UTF-8"/>

5. <title>VR 展示平台 </title>

6. <script type="text/javascript" src="http://api.tianditu.gov.cn/api?v=4.0&tk=yourkey"> </script>

7. <script>

8. var map；

9. var zoom = 5；// 初始化地图级别为 5

10. function onLoad() { // 加载地图

11. map = new T.Map("mapDiv"); // 初始化地图对象

```
12.    map.centerAndZoom(new T.LngLat(102.215,39.746909), zoom); // 设置显示
       地图的中心点
13.    var _mapType = new T.Control.MapType(); // 创建地图类型控件对象
14.    map.addControl(_mapType); // 添加地图类型控件
15.    this.map.setMapType(window.TMAP_SATELLITE_MAP); // 设置地图为卫星地图
16.    _zoomControl = new T.Control.Zoom(); // 创建缩放平移控件对象
17.    map.addControl(_zoomControl); // 添加缩放平移控件
18.    _zoomControl.setPosition(T_ANCHOR_TOP_LEFT); // 创建缩放平移控件对象
19.    var lo = new T.Geolocation(); // 创建定位对象 lo
20.    var menu = new T.ContextMenu({width：140}); // 创建右键菜单对象
21.    var scale = new T.Control.Scale(); // 创建比例尺控件对象
22.    map.addControl(scale); // 添加比例尺控件
23.    addvr(); // 加载全景影像图层
24.    }
25.  function addvr() {
26.    var marker_bdjl = new T.Marker(new T.LngLat(102.215,39.746909)); // 标注
       的经纬度
27.    map.addOverLay(marker_bdjl); // 向地图上添加标注
28.    marker_bdjl.addEventListener("mouseover", function () {marker_bdjl.
       openInfoWindow(" 巴丹吉林 ")}); // 信息窗口
29.    marker_bdjl.addEventListener("mouseout", function () {marker_bdjl.
       closeInfoWindow()}); // 关闭信息窗口
30.    marker_bdjl.addEventListener("click",function (){window.open("./bdjl")});
       // 将标注添加到地图中
31.    }
32.  </script>
33.  </head>
34.  <body onLoad="onLoad()">
35.  <div id="mapDiv" style="position：absolute; width：100%; height：100%; "></div>
36.  </body>
37.  </html>
```

更多数字资源……

◆ 实验彩色图片　　　◆ 程序代码　　　◆ 作业与思考参考答案

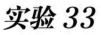

实验 33
NetLogo 模型的 web 化及在线发布

【实验目的】

1. 巩固巢式样方法的模型构建。

2. 巩固 α 多样性指数的计算。

3. 了解 NetLogo 的文件读写操作。

4. 掌握 NetLogo 模型的 web 发布及在线演示。

【背景与原理】

本实验相关原理参考本教材相关章节（表 33–1）。

表 33–1 实验原理引用概况

原 理	参考实验
NetLogo 的使用	实验 27：基于个体的生态学模型和 NetLogo 软件简介
巢式样方法	实验 7：巢式样方法绘制种—面积曲线 模拟实验 24：基于中性模型的种—面积关系
α 多样性指数的计算	模拟实验 25：基于中性模型的物种多度分布模式
web 服务器部署	创新实验 32：不同生态系统的全景影像制作及 VR 展示

【教学安排】

在完成实验 27 的基础上，本实验建议时长 2 h。

【实验用品】

计算机，NetLogo（本例版本 6.2.2）。

【实验步骤】

1. 打开 NetLogo 软件，点击"文件"–"新建"，命名并保存。

2. "界面"视图中，设置世界的大小。本例设置世界的原点位置为"中心"，最大 x 坐标和最大 y 坐标为"160"，嵌块大小 2.5。

3. "界面"视图中，添加所需控件，并调整各控件的位置。本例控件列表如下（表 33–2）。

4. 切换至"代码"视图，添加本实验完整代码（参见实验末尾【代码】），根据注释逐行理解代码含义。

表 33-2 添加控件列表及参数设置实例

控件类型	参数说明
按钮	命令：setup；显示：setup
按钮	命令：go；显示：go；勾选"循环执行"
选择框	全局变量：run-mode；选择："nest-method" "length-arithmetical"
注释	文字：nest-method：巢式样方 length-arithmetical：边长等差
监视器	报告器：total-species-number；显示名称：Total species number
监视器	报告器：species-number；显示名称：Current species number
监视器	报告器：species-number/total-species-number * 100；显示名称：Species ratio（%）
监视器	报告器：precision simpson 3；显示名称：Simpson Index
监视器	报告器：precision shannon-wiener 3；显示名称：Shannon-wiener Index
监视器	报告器：precision Pielou 3；显示名称：Pielou Index
图	名称：Area-species；X 轴标记：Plot Area；Y 轴标记：Species number；绘图笔：nest-method 和 length-arithmetical
图	名称：Species-individuals；X 轴标记：Species ID；Y 轴标记：Individuals；绘图笔：number-i

5. 切换至"界面"视图，选择取样方法，点击初始化并运行。观察取样的过程、种面积曲线变化、物种分布曲线变化以及多样性指数的计算结果。

6. 打开模型目录中的"output.txt"文件，查看模型运行结果（图 33-1）。

7. 重复步骤 4 ~ 6，观察模型运行的随机性。

8. 模型 web 化。网页版模型文件读写权限受限，需将文件操作注释。本例在 write-file 语句前加注释符"；"（L51，L65）；另注释 write-file 例程（L92-L108）。点击"文件"-"另存为 NetLogo 网页版"，输入文件名并保存（本例文件名为"nested-

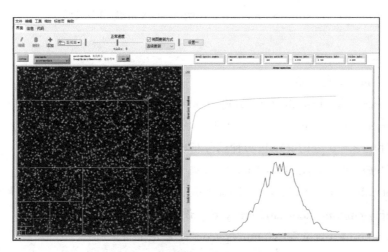

扫描二维码
浏览彩图

图 33-1 模型界面及运行结果实例

experiment.html"）。

9. 将 web 化模型文件（本例为"nested-experiment.html"）复制至 web 服务器网站目录，完成部署（参考实验 32 中"5（1）网站部署"），打开模型文件的网址实现在线模拟演示（本例参考在线网址：http://210.26.48.25：88/nested-experiment.html，图 33-2）。

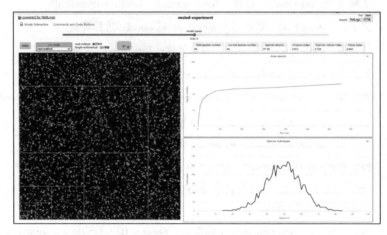

扫描二维码
浏览彩图

图 33-2　NetLogo 模型的在线演示实例

【注意事项】

本模型中的代码有别于文中所参考的实验。

【代码】（电子文件见数字课程）

1. breed [individuals a-individual] ; 声明 individual 为主体类型
2. individuals-own[NO] ; 每个个体都有一个物种编号
3. globals [x0 y0 x y level i n p-i pi2 pilnpi ; 声明中间计算变量
4. 　quadrate-species total-species-number species-number ; 声明物种数相关变量
5. 　individuals-number total-individuals-number ; 声明个体数相关变量
6. 　shannon-wiener simpson pielou] ; 声明多样性指数相关变量
7.
8. to setup
9. 　clear-all ; 清空世界
10. 　create-individuals 5000 [; 创建 5000 个个体
11. 　　set NO int random-normal 50 10 ; 物种分布符合正态分布
12. 　　if NO <= 0 [set NO 0]; 物种编号低于 0 设置为 0
13. 　　if NO >= 100 [set NO 100]; 物种编号高于 100 设置为 100
14. 　　set color NO set size 4 set shape "plant medium"; 设置个体颜色、大小、形状
15. 　　setxy random-xcor random-ycor]; 设置个体在世界中随机分布
16. 　set x0 min-pxcor set y0 min-pycor; 设置左下角坐标
17. 　ask patches [set pcolor 131] ; 设置背景颜色

18.　initialization ; 统计初始物种数 , 调用例程

19. end

20.

21. to initialization ; 初始化例程

22.　set i 0 set quadrate-species 0 set n 15 ;

23.　while [i <= 100] ; 从第 0 个物种开始 , 统计世界中物种数

24.　[if (count individuals with [NO = i]) > 0 [set quadrate-species quadrate-species + 1]

25.　set i i + 1]

26.　set total-species-number quadrate-species; 物种数量

27.　reset-ticks

28. end

29.

30. to go

31.　every 1 [; 设置循环间隔 1s

32.　tick

33.　if (ticks > n) [; 超出取样次数重置参数并停止

34.　initialization stop]

35.　if (run-mode = "nest-method") [nest-method]; 调用巢式样方例程

36.　if (run-mode = "length-arithmetical") [length-arithmetical]]; 调用边长等差取样例程

37. end

38.

39. to nest-method ; 巢式样方例程

40.　ifelse (ticks = 1)

41.　[set level min list int (world-height / ((sqrt 2) ^ (n − 1))) int (world-width / ((sqrt 2) ^ (n − 1))); 计算初始边长

42.　set x x0 + level set y y0 + level]; 首次取样边界坐标

43.　[ifelse (ticks mod 2 = 1); 根据取样次数调整取样边界坐标

44.　[set y y0 + (y − y0) * 2][set x x0 + (x − x0) * 2]]

45.　set pi2 0 set pilnpi 0; 设置 pi2 和 pilnpi 初始为 0

46.　ask patches [; 画巢式样方边界

47.　if (pxcor = x and pycor <= y) [set pcolor green]

48.　if (pxcor <= x and pycor = y) [set pcolor green]

49.　if (pxcor = min-pxcor and pycor <= y) [set pcolor green]

50.　if (pxcor <= x and pycor = min-pycor) [set pcolor green]]

51.　diversity-index　write-file

```
52.  end
53.
54.  to length-arithmetical ; 边长等差例程
55.  ifelse (ticks = 1)
56.   [set level min list int (world-height / n) int (world-width / n); 计算初始边长
57.    set x x0 + level set y y0 + level]; 首次取样边界坐标
58.   [set y y + level set x x + level]; 根据取样次数调整取样边界坐标
59.  set pi2 0 set pilnpi 0; 设置初始比例为 0
60.  ask patches [ ; 画样方边界
61.   if (pxcor = x and pycor <= y) [set pcolor red]
62.   if (pxcor <= x and pycor = y) [set pcolor red]
63.   if (pxcor = min-pxcor and pycor <= y) [set pcolor red]
64.   if (pxcor <= x and pycor = min-pycor) [set pcolor red]]
65.  diversity-index   write-file
66.  end
67.
68.  to diversity-index   ; 物种多样性计算及作图例程
69.  set i 0 set quadrate-species 0
70.  set total-individuals-number count individuals with [pxcor <= x and pycor <= y] ;
        总个体数
71.  set-current-plot "Species-individuals" clear-plot ; 清除曲线
72.  while [i <= 100] ; 统计样方物种数
73.  [set individuals-number count individuals with [NO = i and pxcor <= x and pycor <= y] ;
        i 物种的个体数
74.   if individuals-number > 0 [
75.    set-current-plot "Species-individuals" set-current-plot-pen "number-i" ; 选择每
        次取样物种分布的画图和画笔
76.    plotxy i count individuals with [NO = i and pxcor <= x and pycor <= y]; 绘制
        物种 - 个体数分布图
77.    set quadrate-species quadrate-species + 1; 物种数加 1
78.    set p-i individuals-number / total-individuals-number;i 物种个体数占比
79.    set pi2 pi2 + p-i ^ 2 ;Simpson 指数中间变量
80.    set pilnpi pilnpi + p-i * ln p-i ;shannon-wiener 中间变量
81.   set i i + 1]
82.  set species-number quadrate-species
83.  ifelse pi2 = 0
84.   [set simpson "NA" set shannon-wiener "NA" set pielou "NA"]
```

85.　　[set simpson precision (1 − pi2) 3 ;simpson 指数计算

86.　　set shannon−wiener precision (− pilnpi) 3 ;shannon−wiener 指数计算

87.　　set pielou precision (shannon−wiener / ln total−species−number) 3] ;pielou 指数计算

88.　set−current−plot "Area−species" set−current−plot−pen run−mode; 选择种 − 面积曲线画图和画笔

89.　plotxy　(x − x0) * (y − y0) quadrate−species ; 种 − 面积曲线画图

90.　end

91.　

92.　to write−file ; 写入文件例程, 网页版读写权限受限, 需注释

93.　if ticks = 1 [

94.　　file−open "output.txt"; 打开文件

95.　　file−print date−and−time; 输出时间

96.　　file−print word "Runmode：" run−mode

97.　　file−print word " 个体数：5000 ; 取样次数 ：15 ; 总物种数：" int total−species−number; 输出文本描述

98.　　file−print " 次　数 \t 面　积 \t 物　种　数 \t 个　体　数 \tshannon−wiener\tsimpson pielou"]; 输出表头

99.　file−write ticks file−type "\t"; 写入取样次数

100.　file−write precision ((x − x0) * (y − y0)) 3 file−type "\t" ; 写入取样面积

101.　file−write int species−number file−type "\t" ; 写入样方物种数

102.　file−write int total−individuals−number file−type "\t" ; 写入样方个体数

103.　file−write shannon−wiener file−type "\t" ; 写入 shannon−wiener 指数

104.　file−write simpson file−type "\t" ; 写入 simpson 指数

105.　file−write pielou file−type "\n" ; 写入 pielou 指数

106.　　if (ticks >= n) [; 超出取样次数重置参数并停止

107.　　file−print "Completed!" file−type "\n" file−close−all]

108.　end

更多数字资源……

◆ 实验彩色图片　　　◆ 程序代码　　　◆ 作业与思考参考答案

读者意见反馈

　　为收集对教材的意见建议,进一步完善教材编写并做好服务工作,读者可将对本教材的意见建议通过如下渠道反馈至我社。

　　咨询电话　　400-810-0598
　　反馈邮箱　　gjdzfwb@pub.hep.cn
　　通信地址　　北京市朝阳区惠新东街4号富盛大厦1座　高等教育出版社总编辑办公室
　　邮政编码　　100029

防伪查询说明

　　用户购书后刮开封底防伪涂层,使用手机微信等软件扫描二维码,会跳转至防伪查询网页,获得所购图书详细信息。

　　防伪客服电话　　(010)58582300